"十四五"普通高等教育本科部委级规划教材

服装结构
FUZHUANG JIEGOU
设计原理与样板
SHEJI YUANLI YU YANGBAN

贾东文 编著

U0241957

中国纺织出版社有限公司

内 容 提 要

本书为"十四五"普通高等教育本科部委级规划教材。全书结构严谨，图文并茂，有很强的实用性。内容安排由项目带动模块，由模块引出任务，按照由浅入深、由原理到应用、由局部到整体的顺序完成各项任务。书中具体内容有初识服装结构设计，下装（裙、裤）结构设计原理与样板，上装（衣身、领、袖）结构设计原理与样板以及服装成品样板实例，其中包括男女衬衫、西装、套装、大衣、风衣、中式服装、背心等。

本书总结了作者多年从教的教学心得及心血，具有较强的科学性、系统性、实战性和前瞻性。既可作为高等院校服装专业培养高等应用型、技能型人才的教学用书，亦可作为服装企业技术人员的专业参考书及服装爱好者的良益读物。

图书在版编目（CIP）数据

服装结构设计原理与样板 / 贾东文编著 . -- 北京：中国纺织出版社有限公司，2021.7（2023.9 重印）

"十四五"普通高等教育本科部委级规划教材

ISBN 978-7-5180-8281-0

Ⅰ.①服… Ⅱ.①贾… Ⅲ.①服装结构－结构设计－高等学校－教材 Ⅳ.① TS941.2

中国版本图书馆 CIP 数据核字（2020）第 250952 号

责任编辑：魏 萌　　特约编辑：施 琦
责任校对：王蕙莹　　责任印制：王艳丽

中国纺织出版社有限公司出版发行
地址：北京市朝阳区百子湾东里 A407 号楼　邮政编码：100124
销售电话：010—67004422　　传真：010—87155801
http://www.c-textilep.com
中国纺织出版社天猫旗舰店
官方微博 http://weibo.com/2119887771
北京通天印刷有限责任公司印刷　各地新华书店经销
2021 年 7 月第 1 版　2023 年 9 月第 2 次印刷
开本：787×1092　1/16　印张：17
字数：296 千字　定价：58.00 元

凡购本书，如有缺页、倒页、脱页，由本社图书营销中心调换

前　言

　　《服装结构设计原理与样板》的编写是以吉林工程技术师范学院服装专业人才培养为标准。一方面注重高等院校服装专业教育学术层面的使用价值，另一方面也注重技术类师范院校培养的"技术性""师范性"与"职业性"人才特征的价值，以理实一体化教学模式为基础，参考国内外相关资料，结合作者多年的教学、实践经验撰写而成。

　　全书共分为四大项目，十三个模块，下设三十五个任务。以项目带动模块，再以模块拓展任务的方式讲解。每个任务均具有代表性、实用性及可操作性，在完成各项任务的基础上掌握相关知识点，层层递进，同时阐述与之相关的专业理论知识、服装结构设计方法、结构制图要点及技巧。

　　本书将服装结构设计的相关理论与技术方法相结合，依据服装结构设计的基础认知、结构设计方法、变化技巧等原理做详尽的阐述。在传统比例裁剪的基础上，融入原型裁剪、立体裁剪等相关知识，运用几何学原理，通过公式计算、结构分解、样板转换使服装结构变化有据可依。

　　本书总结了作者二十多年的教学心得、研究成果，不但凝聚了作者的心血，也充分体现了创作团队的优良品质及专业水平。其中项目一由贾东文编写；项目二由贾东文、张家芯编写；项目三由贾东文、任丽红编写；项目四由贾东文编写；张跃、许岚、齐小莹参与了全书的编审工作，在此对创作团队付出的艰辛劳动与努力一并表示由衷感谢。

　　由于笔者经验的局限，且时间仓促，书中难免有欠妥或疏漏之处，敬请服装行业专家、院校师生及广大读者批评指正。

编著者

2020 年 8 月于长春

教学内容及课时安排

章 / 课时	课程性质 / 课时	节	课程内容
项目一 /2	理论 /2	·	**初识服装结构设计**
		模块一	服装结构设计的认知
		模块二	人体与服装测量
项目二 /30	理实一体 /30	·	**下装结构设计原理与样板**
		模块一	裙装结构设计原理与样板
		模块二	裤子结构设计原理与样板
项目三 /40	理实一体 /40	·	**上装结构设计原理与样板**
		模块一	衣身结构设计原理与样板
		模块二	衣领结构设计原理与样板
		模块三	衣袖结构设计原理与样板
项目四 /112	理实一体 /112	·	**服装成品样板实例**
		模块一	服装款式造型的结构分析
		模块二	衬衫、休闲装样板实例
		模块三	西装、套装样板实例
		模块四	大衣、风衣样板实例
		模块五	传统服装样板实例
		模块六	背心样板实例

注：各院校可根据自身的教学特点和教学计划对课程时数进行调整。

目 录

项目一
初识服装结构设计

模块一　服装结构设计的认知

教学目标

终极目标：理解服装结构技术原理，独立完成各类别服装的结构制板，充分表达设计意图。

促成目标：

1. 了解服装结构设计的概念及方法。
2. 掌握服装结构设计的制图符号及部位代号。
3. 掌握服装的测量技术。
4. 了解服装号型标准。

教学任务

1. 学会使用服装制图符号及部位代号。
2. 掌握人体各部位尺寸的测量方法。
3. 依据服装号型标准设置服装规格尺寸。

任务一　服装结构设计概述

任务描述

1. 了解服装结构设计的概念。
2. 掌握服装结构设计的方法。
3. 理解服装结构设计的任务及要求。

一 服装结构设计

1. 服装结构的定义 服装结构设计学是研究以人为本的服装结构平面分解与立体构成规律的学科。涉及的知识面非常广泛，包括人体解剖学、人体测量学、服装设计学、服装材料学、服装卫生学、服装工艺学和服装美学等内容，是一门艺术与技术相融合、理论与实践相结合的学科。

服装结构设计在学科门类中属于生活科学，是一门与生产实践密切相关的学科，与其他课程相比更强调科学性和实用性的统一。由于服装结构设计具有很强的技术性，除了加强基础理论知识的学习、分析、研究外，还要加强实践环节，要勤于动手动脑、反复练习、细心体会、不断总结，才能提高结构设计水平和实际操作能力。

2. 服装结构设计的作用 服装结构设计与服装款式设计、服装工艺制造共同构成了现代服装工程，是现代服装工程中不可或缺的部分。一方面，结构设计是款式设计的延伸和完善，是款式设计的再创作、再设计，是将款式设计的思想及形象思维结果转化为平面的样板结构，并修改其中某些不完善的部分，使服装的造型趋于完美；另一方面，结构设计又是服装工艺制造的前提和准备，为服装的工艺制造提供了全面、科学的裁片，数据和技术指导。因此，服装结构设计在整个服装生产过程中起着承上启下的作用。

二 服装结构设计方法

服装结构的设计方法主要分平面结构设计和立体结构设计两大类。

1. 平面结构设计 依照一定的服装款式，根据人体各部位的尺寸和人体特征，运用一定的计算方法、制图法则和变化原理，通过平面结构制图方法将服装整体结构分解为基本部件或样板的结构设计过程，主要有比例分配法和原型法两种。

（1）比例分配法：以成品尺寸为基数，对衣片内在结构的各部位进行直接分配的制图方法。此方法简便、快速，有一定的科学计算依据。对于成批生产的大众产品很适宜，但不适合款式多变、复杂的服装结构制图。常用的有以下几种：

①胸度法：以成品胸围的比例推算出其他各细部尺寸而进行结构制图的方法。按比例分配形式有三分法、四分法、八分法、十分法等。

②短寸法：按人体与服装结构有关的各个部位测量尺寸，依据这些数据结合服装结构进行制图的方法,常用于单件贴体的服装。

③D式法：以半胸围尺寸加上服装内外增值来确定袖系基数D，以此基数控制袖子和袖窿的大小，使其准确吻合。

④基本矩形法：又称黄金分割法。是继D式法后又一新的服装结构设计方法。其特点是以人体的总胸围、臀围为基本模数量，用 $1:\sqrt{1}$、$1:\sqrt{2}$、$1:\varphi$、$1:\sqrt{3}$、$1:\sqrt{5}$、$1:\sqrt{7}$ ……基本矩形法则推算出服装整体与局部的计算规律。

比例分配法的特点表现为可以直接在布料上画线，操作方便，裁剪公式易于掌握，裁剪过程一步到位。但也存在不足，以衣为本，把人体置于从属地位，公式适应面较窄，经验成分较多，就件论件，只适用于常规款式或变化简单的服装。

（2）原型法：将大量测得的人体体型数据进行筛选，求得人体基本部位和若干重要部位的比例，用这种形式来表达其余相关部位结构的最简单的基础样板，然后再用基础样板通过省道变换、分割、收褶、褶裥等工艺形式变换为结构较复杂的服装的结构制图方法。

原型法的特点表现为始终以人体为本，公式计算较少，数据稳定准确，造型科学合理，适应各种款式变化，具有广泛的通用性。因此，适用于时装款式或结构变化复杂的服装。因原型只是结构设计的基础和过程，不是最终结果，所以裁剪过程一般要两至三步才能到位，这样显得相对复杂一些。另外，原型应用也较难掌握，只有反复实践、不断总结，领悟其真正含义，才能运用自如。

2. 立体结构设计　将样布披覆在人体模型上，运用边观察、边造型、边裁剪的手法，直接裁剪出指定的服装款式并经过整理成为服装的基本纸样的设计过程，亦称立体裁剪。

立体结构设计的优点是可以根据服装款式的需要，直接决定取舍，既可以还原设计效果图，又可以进行再创作，无需公式计算，是一种方法直接、操作简便的裁剪手段。不足之处是成本高、效率低、操作不便、经验成分多及稳定性差等，而且必须在一定条件和场合下使用，不能适应现代服装工业化大生产的需要。

3. 平面结构设计与立体结构设计的关系　平面结构设计与立体结构设计在服装结构设计中相辅相成，兼而有之。平面结构设计一般侧重比例关系，其作用是将人体的立体形态分解、展开成若干不同形状的平面裁片。立体结构设计则侧重整体造型，其作用是创造服装整体或局部的立体形态。只有将这两种裁剪形式有效地结合起来，灵活运用，才能设计出结构合理、造型美观的服装。

三　服装结构设计的任务与要求

1. 服装结构设计的任务　服装结构设计的教学任务是使学生系统地掌握服装结构设计的内涵，掌握平面结构设计和立体结构设计的方法及变化规律，培养学生正确地利用结构设计原理与方法来绘制各式服装结构图，具有熟练的裁剪、样板推档及排料的能力。

2. 服装结构设计的要求　通过本学科的学习，使学生达到以下基本要求：

（1）熟悉人体部位构成及体表形态的关系，理解体型特征与服装结构的关系，掌握人体活动引起的体表变化等。

（2）深入理解服装部件、部位的结构设计原理和制图方法，解析整体结构的稳定性与相关部位的吻合关系；掌握基本图形的制作方法及其应用；重点掌握省缝的变换、分割、抽褶等技巧，以适应各种款式造型的需要。

（3）培养审视服装效果图的能力，能按其结构、组合装配特点，根据各部位比例关系和具体规格、数据等因素绘制平面结构图。

（4）了解服装号型标准的制订方法和表达形式，能进行成衣规格设置。

（5）熟悉面料的性能特点及质感，能独立进行服装样板的绘制。

> 💡 **思考及练习**
>
> 1. 服装结构设计的概念。
> 2. 平面结构与立体结构的区别。
> 3. 服装结构设计方法有哪几类？其特点是什么？
> 4. 学好服装结构设计有哪些要求？

任务二　服装制图的认知

● 任务描述

1. 了解服装制图所需的工具和材料，为顺利进行服装结构制板做好必要的准备。
2. 掌握服装的部位代号，有利于服装尺寸规格的设置。
3. 掌握服装制图符号，是结构制板的关键。
4. 掌握服装制图规范，提高专业素养。

● 任务实施

一　服装制图工具

在服装制图过程中，需要使用到许多工具。服装制图工具如图1-1-1所示，下面按各自的用途分别予以介绍。

1. **软尺（皮尺）**　两面都标有度数的带状测量工具，一般长度为150cm，用于度量人体各部位尺寸，有公制、市制、英制三种形式。

2. **蛇形尺**　用于制图过程中量、画曲线，尺的中间加入铅丝，可在需要测量的部位弯曲，以确保测量的准确。

3. **方格定规尺**　主要用于纸样制作时量尺寸、画直线或曲线，还可在裁剪、缝制时使用。

4. **"L"形尺**　直角和曲线兼用的尺，背面有1/2、1/3、1/4、1/12、1/24的缩小比例的度数，采用硬质透明尼龙制作。

5. **"6"形尺**　用于绘制领口、袖窿、裆弯等较大弧度的曲线。

6. **弯形尺**　尺的两侧呈弧形状，用于画裙子、裤子的侧缝线及下裆的弧线等。

7. **比例缩尺**　用于绘制缩小图，常用比例有1∶4、1∶5两种。

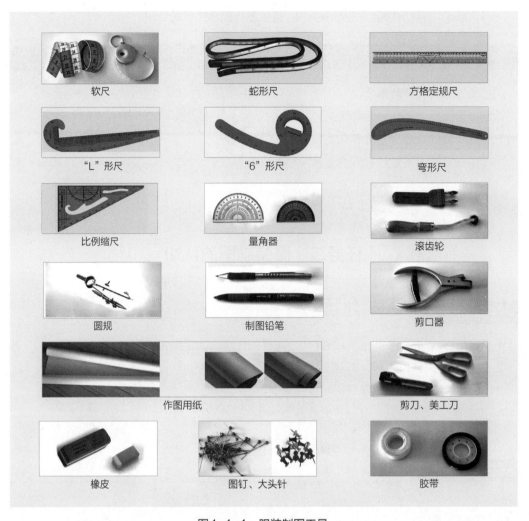

图1-1-1 服装制图工具

8. **量角器** 在作图时用于测量肩斜度、褶裥量等角度部位。

9. **镇铁** 用于作图和裁剪时压住纸样等，以便于工作。

10. **滚齿轮** 用于纸样的复制。沿纸样中所需轮廓线用力滚动，使下层待复制的纸样上留下点线状印迹，再沿点线画出纸样，以达到复制纸样的目的。

11. **圆规** 作图时用于画弧线，也可用于由交点作图求得相同尺寸。

12. **制图铅笔** 铅芯有0.3mm、0.7mm、0.9mm等规格。HB的铅笔适用于缩小图，可根据各种制作要求选用铅芯。

13. **作图用纸** 包括绘图纸（唛架纸）、方格纸（A3、A2、B4、B5、B2）、牛皮纸、样板纸。

14. **剪口器（对位器）** 主要用途是在纸样上做记号，也可用于在缝份上做记号。

15. **剪刀、美工刀** 用于裁剪、剪切纸样。

16. **人体模型** 在复合纸样或立体裁剪时用于固定纸样或布料。

17. **橡皮**　应选用高品质的绘图橡皮，擦拭后不留痕迹。

18. **图钉、大头针**　作图时用于固定纸样，以便于操作。

19. **胶带**　用于纸样拼合，无伸缩性，也可固定纸样及保护纸样的边缘。

二　服装制图部位代号

为书写方便，在制图中将某部位的名称以英文单词的首字母表示，如表1-1-1所示。

表1-1-1　服装制图部位代号

序号	代号	代表部位	序号	代号	代表部位
1	B	胸围	16	SL	袖长
2	W	腰围	17	NP	颈点
3	H	臀围	18	SP	肩端点
4	N	领围	19	MH	中臀围
5	BL	胸围线	20	SW	肩宽
6	WL	腰围线	21	BW	背宽
7	HL	臀围线	22	FW	前胸宽
8	NL	领围线	23	NW	领口宽
9	EL	肘线	24	NH	领口深
10	KL	膝围线	25	FCL	前中心线
11	BP	胸高点	26	BCL	后中心线
12	AH	袖窿长	27	FNP	前颈点
13	L	长度	28	BNP	后颈点
14	P	裤长	29	SNP	侧颈点
15	D	衣长	30	ST	袖山高

三　服装制图符号

服装制图符号是用来表达一定的制图内容的特定记号，如表1-1-2所示。

表1-1-2　服装制图符号

序号	名称	符号	使用说明
1	基础线	————————————	表示制图的基础线或辅助线
2	轮廓线	————————————	表示图形完成的轮廓线，其宽度是基础线的2倍，也称为完成线
3	等分线	⌒⌒	表示一定长度被分成若干等份
4	对折线	————————————	表示连折不可裁开的位置
5	翻折线	————————————	表示折边的位置或折进的位置
6	缉线	————————————	表示服装中缉线的位置，也可表示缉线的始和终端

续表

序号	名称	符号	使用说明
7	距离线		表示纸样某部位两点间的距离
8	省线		衣片需要收省缝制的部位
9	经向号（布纹线）		箭头表示衣片布纹的方向
10	顺向号	 倒向 顺向	在有绒毛方向或有光泽的布料上表示绒毛或光泽的方向
11	直角		表示两条线垂直相交成直角
12	相等号	△ ◎ ⊠	符号所在的线条相等，按使用次数的不同，可分别选用不同的符号表示
13	重叠号		表示布片交叉重叠
14	胸点（BP）	×	表示胸高点
15	对位号（剪口）	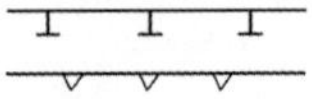	两片衣片缝合时为防止错位而做的符号
16	拼合		表示裁布时样板拼合裁剪的符号
17	拉伸		表示拉伸的位置
18	归拢		表示熨烫归拢的位置
19	省略号	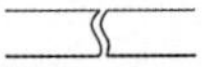	表示长度较长，而结构图中无法画完整的部件
20	缩缝		表示缩缝的位置
21	单褶	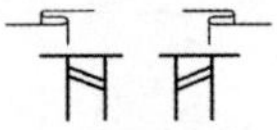	表示需要折叠缝制的部位，斜线方向表示褶裥折叠方向
22	对褶	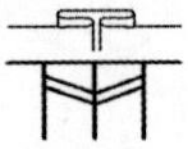	同上
23	缩褶号	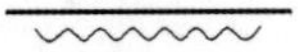	表示裁片某部位需要缩褶处理
24	扣位	⊕	表示钉纽扣的位置
25	眼位		表示锁扣眼的位置

四 服装制图规范

本标准适用于服装技术文件及服装裁剪中的制图。

1. 图纸幅面

（1）图纸常用幅面：B 为图纸的宽；L 为图纸的长；c 为图纸的边框；a 为图纸的装订边，如表1-1-3所示。

表1-1-3　图纸常用幅面　　　　　　　　　　　　　　　　单位：mm

幅面代号	0	1	2	3	4	5
$B \times L$	841×1189	594×841	420×594	297×420	210×297	148×210
c	10	10	10	5	5	5
a	25	25	25	25	25	25

（2）图纸特殊幅面：服装图纸在特殊情况下，常会出现图纸幅面不够使用的现象，必要时允许加长0~3号图纸的长边，加长部分的尺寸应为长边的1/8及其倍数，如图1-1-2所示。

2. 图纸布局　图纸标题栏位置应在图纸的右下角，服装款式图的位置应在标题栏的上面，服装和零部件的制图位置应在服装款式图的左边，图纸布局如图1-1-3所示。图纸标题栏的格式如图1-1-4所示。

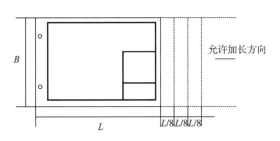

图1-1-2　图纸幅面加长方法

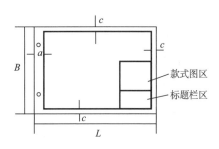

图1-1-3　图纸布局示意图

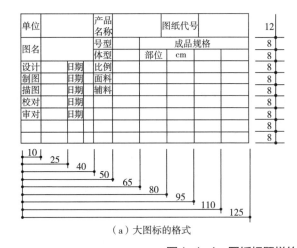

（a）大图标的格式

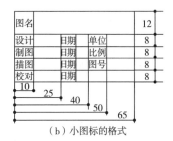

（b）小图标的格式

图1-1-4　图纸标题栏的格式

3. 尺寸标注规则　服装各部位和零部件的实际大小以图样上所注的尺寸数值为准；图纸中（包括技术要求和其他说明）的尺寸，一律以cm（厘米）为单位；服装制图部位、部件的每一尺寸，一般只标一次，并应标注在该结构最清晰的图形上。

4. 标注尺寸线的画法

（1）尺寸线用细实线绘制，其两端箭头应指到尺寸界线。

（2）制图结构线不能代替标注尺寸线，一般也不得与其他图线重合或画在其延长线上，如图1-1-5所示。

图1-1-5　标注尺寸线的画法

（3）标注尺寸线及尺寸数字的位置：

①需要标明竖直距离的尺寸时，尺寸数字一般应标在尺寸线的左面中间位置或尺寸线的中间位置，如图1-1-6所示。如距离位置小，应将轮廓线的一端延长，另一端用对折线引出，在上下箭头的延长线上标注尺寸数字，如图1-1-7所示。

②标明横距离的尺寸时，尺寸数字一般应标在尺寸线的上方或中间，如横距尺寸位置小，须用细实线引出两条横线，尺寸数字标在该横线上；或是引出两条直线形成三角形，尺寸数字标注在角的一端，如图1-1-8所示。

③需要标明斜距离的尺寸时，需用细实线引出使之形成一个锥形，尺寸数字标注在锥尖处，如图1-1-9所示。

④尺寸数字不可被任何图线所通过，当无法避免时，必须将该图线断开，并用弧线表示，尺寸数字标注在弧线断开的中间，如图1-1-10所示。

5. 尺寸界线的画法　尺寸界线用细实线绘制，可以将轮廓线引出作为尺寸界线，如图1-1-11所示。尺寸界线一般应与尺寸线垂直（弧线、三角形和尖形尺寸除外）。

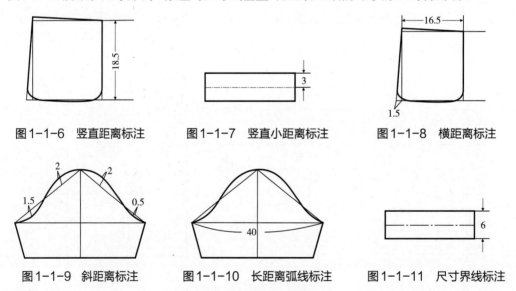

图1-1-6　竖直距离标注　　　　图1-1-7　竖直小距离标注　　　　图1-1-8　横距离标注

图1-1-9　斜距离标注　　　　图1-1-10　长距离弧线标注　　　　图1-1-11　尺寸界线标注

💡 **思考及练习**

1. 熟悉服装制图的工具。

2. 掌握服装制图的部位代号。

3. 掌握服装制图符号。

4. 掌握服装制图规范。

模块二 人体与服装测量

● 教学目标

终极目标：能够了解人体比例，掌握服装成衣规格尺寸的设置。根据相关技术原理，完成各类服装的结构制板，充分体现设计意图。

促成目标：

1. 了解人体比例关系。
2. 掌握男、女体型特征的差异与服装的关系。
3. 了解人体测量技术要点。
4. 掌握人体测量方法。

● 教学任务

1. 认识人体骨骼、肌肉。
2. 掌握男、女体型特征及差异。
3. 掌握人体各部位尺寸测量技术。

任务一　人体与服装

● 任务描述

1. 了解人体比例、人体骨骼、肌肉与服装的关系。
2. 掌握男、女体型特征及差异，有利于服装结构制板。
3. 掌握人体测量的基准点及基准线。
4. 掌握人体测量的方法及要领。

• 任务实施

一 人体比例

人体比例通常指生长发育正常的中青年人体的平均数据，以及人体或人体各部位之间度量的比例。人体各部位比例，常以头高为单位计算。亚洲型成年人总体身高一般为7~7.5个头高；欧洲型成年人总体身高一般为8~8.5个头高。由于人体的比例因性别、年龄、种族等不同而各有差异，且审美观也不同，所以很难划定理想的比例。

本书介绍的人体比例为我国正常成年男、女的人体比例，为7头体至7.5头体，如图1-2-1所示。

1. 人体的纵向比例 人体纵向比例指人的垂直高度。人体全长以耻骨为中心点，分成躯干、上下肢两个部分。

上肢左右平伸，两指尖的距离接近于总体的高度。男性上肢下垂，其中指尖是肩点到脚底长的中心点，也是大腿长的中点。而女性的四肢较男性短一些，垂手时，中指尖在大腿长的中点稍上处。

头部测量：应使头部两侧耳轮上边与外眼角处于水平线，头部最高点至下颌下缘最低点的垂直高度，称为头高度。

全身测量：应使人体保持立正的姿势，按这个姿势所测定的从头顶到地面的高度，称为身高。

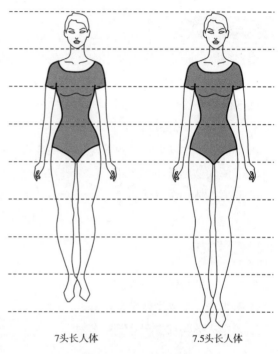

7头长人体　　　　　　　7.5头长人体

图1-2-1　人体比例

按正常人的身长比例，可以推算出服装的身长、袖长、裤长、裙长等长度和比例尺寸。

由此可见，服装是按人体的纵向比例作为其长度分配依据的。但应注意其长度部位的分配比例，一般不以人体总高度为标准，而是以体高（指从侧颈点至地面的高度）为标准。因为服装都是穿在颈部以下的身躯上（连帽服装除外），所以头的高度可以不计算在内。也就是说，可以依照人的年龄与性别各阶段的长度比例，再减去一个头长，即可作为分配服装长度部位比例的基本标准。

2. 人体的横向比例 人体横向比例指平面测量人体的围度（即颈围、胸围、腰围、臀围、腕围等）。男性腋窝间的宽度等于臀部的宽度；而肩部则宽于臀部，肩部比例等于两个头长的尺寸。女性腋窝间的宽度要稍窄于臀部的宽度；而肩宽则窄于臀部，肩宽比例等于一个半头长的尺寸。不仅男、女体型有差异，而且同一性别、不同年龄阶段的体型特征也是有差异的。可见，服装结构设计经常遇到的、难以掌握的问题，就是如何搞准确颈、胸、腰、臀等部位的围度比例关系。

二 人体的骨骼、肌肉与服装的关系

人体的基本构造，是由骨骼、肌肉和韧带组成的，从而形成了人体的外部形体特征。骨骼是人体的支架，决定着人体的基本形态以及人体外形的体积与比例，如图1-2-2所示。人体的运动机能就是依靠骨骼的连接作用而产生和完成的。

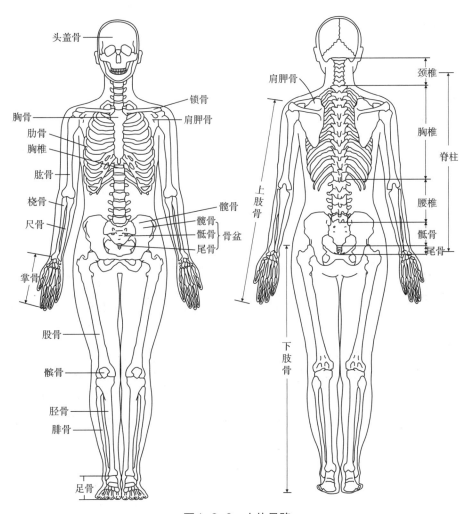

图1-2-2 人体骨骼

骨骼的外层是肌肉，是一种非常柔软而富有弹性的纤维组织，具有收缩、伸展的功能。肌肉的形状、种类与作用，会直接或间接影响人体的外形特征。为此，认识人体骨骼的连接构造，掌握肌肉连接系统的构成特征，对于服装结构设计都有着重要的指导意义。

1. 骨骼与服装的关系 成年人的身体有206块骨头。这些骨头都是靠关节相互连接的，从而构成了奇特而复杂的人体骨架。其中对服装结构产生影响作用的大致有以下几种：

（1）脊柱：脊柱是人体躯干的主体骨骼，支撑着头部和胸腔，是人体躯干的支柱。脊柱由七个颈椎、十二个胸椎、五个腰椎组成，起到支撑头部、连接胸腔和骨盆的作用。整个脊柱各部略呈弯曲状，其中对服装结构产生影响作用的是第七颈椎（由上向下），它不仅是头部和胸部的连接点，也是后背衣长的测定点。

（2）锁骨：锁骨位于颈和胸的交接处，呈对称状。其内端与胸锁乳突肌相接形成颈窝，在服装结构中是前颈点的标准；其外端与肩胛骨、肱骨上端构成肩关节并形成肩峰，此处成为测量肩端点的标准部位。

（3）肩胛骨：肩胛骨位于背部上端，呈倒三角形。其上部凸起的形状，是服装肩部和背部造型结构的依据。因此在女式服装的后背原型处要设有肩省，在男、女服装的过肩分割处要设有褶份。由于肩关节是人体活动最频繁的部位，直接影响着手臂的运动，因此在服装结构上，后背的宽度要比前胸的宽度略大一些。

（4）骨盆：骨盆是人体躯干中稳固的基座，连接着躯干与下肢，由髋骨（包括髂、耻、坐骨）、骶骨、尾骨组成。髋骨的外侧与股骨连接构成股关节。股关节介于躯干和下肢之间，对服装结构来说，无论是上装，还是下装都显得极为重要，它也是臀围线的关键标志。

（5）膝盖骨：膝盖骨学名为髌骨，位于股骨与胫骨和腓骨的连接处，是一块很小的骨头。膝关节只能后屈，不能前弯。在服装结构上以此为测定点，作为服装长度（如衣长、裙长、裤长等）设计的依据。

2. 肌肉与服装的关系　人体内有五百多块分离的肌肉，对服装结构产生影响作用的只占总数的小部分。

（1）颈部肌：颈部肌主要由胸锁乳突肌、颈阔肌、椎外侧肌等组成。胸锁乳突肌上起耳根后部，下至锁骨内端，形成颈窝，具有屈伸头部和使颈部左右旋转的功能。其形状的大小影响颈部的外形，从而影响颈部与衣领的关系。

（2）胸大肌：胸大肌位于胸骨两侧，呈对称状。外侧与三角肌会合形成腋窝。男性的胸大肌几乎遮盖了整个胸部，为躯干部胸廓最丰厚的部位，而女性有丰满的乳房更显得突出。其大小形状直接关系到前衣片撇门量或胸省量的大小、服装结构中前片的撇门与省量大小，也是测定胸围线的依据。

（3）斜方肌：斜方肌位于人体肩胛骨上方，是后背较发达的肌肉，男性尤为突出。由于斜方肌上连枕骨，左右与肩胛骨外端相接，外缘形成自上而下的肩斜线，所以它直接影响到服装的肩和背部的结构造型。此外，斜方肌与胸锁乳突肌的交叉结构又形成了侧颈点标志，并由它影响服装领口变化。

（4）三角肌：三角肌位于斜方肌两侧，像三角形包裹着肩关节。人体手臂的活动加剧，会使三角肌产生很大的变化，从而直接影响到服装袖山的造型与变化。

（5）背阔肌：背阔肌位于肩胛骨下方、斜方肌两侧，使背部隆起，男性更加明显。由于背阔肌与腰部构成了上凸下凹的体型特征，从而形成服装背部收腰的结构。

（6）臀大肌：臀大肌位于腰筋膜下方，是臀部最丰满处，构成臀部的形状，女性尤为突出。它与服装下摆，裙、裤臀围处的造型与围度有着极为密切的关系。

人体的体型是由骨骼、肌肉、脂肪及皮肤等组织构成的。从这几方面入手，将男、女体型进行比较，就会发现其中的差异，如图1-2-3所示。

1. 骨骼上的差异 骨骼构成人体外部形态特征，由于生理上的差异，男、女骨骼有着明显的不同。

男性的骨骼支撑着强壮有力的肌肉，较女性的骨骼粗大。各自外形的特征分别是：前者粗壮有力，后者平滑柔和。

男性骨骼上身发达，肩阔呈方形，锁骨弯曲大，胸廓长而大，乳腺不发达，腰部较女性宽，脊柱弯曲度小，背部凹凸变化不明显。

女性肩部狭窄，向下倾斜；锁骨弯曲度小，外表不显著；胸

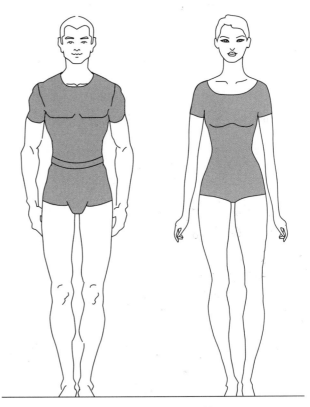

图1-2-3 男、女体型差异

廓狭而短小；中青年女性胸部丰满，腰部较男性窄，背部凹凸变化明显，脊柱弯曲度较大，腰部弯曲呈20°倾斜。

从下身而论，男性骨盆高而窄，髋部周长小于肩部周长；臀部较女性窄，膝部较狭，凹凸状明显；正面看大腿合并时内侧可见间隙。女性骨盆则低而宽，向前倾斜；臀部宽大且向后突出；髋部周长大于肩部周长；膝部较宽，凹凸状不明显；正面看大腿合并时内侧不见间隙。

2. 肌肉上的差异 除受骨骼影响外，肌肉组织构造的不同，也形成了男、女体型上的差异。男性身体健壮，肌肉发达，肌肉隆起多呈块状，局部变化尤为明显；女性身体则光滑圆润，整体起伏较大。由于女性全身肌肉表面有一层脂肪组织，致使肌群外表棱角变得圆顺。女性乳房隆起而丰满，背部向后稍倾斜，颈部前伸。骨盆宽使臀大肌高起，后腰凹陷，腹部前挺，故而形成优美的曲线，呈"S"形。

3. 男、女服装结构上的差异 从整体结构来说，男装造型多体现雄健体魄。表现为胸部隆起，胸骨略向前倾的骨骼形状，故采用撇胸、推门这一重要的技术工艺手法。为解决衣料与人体的矛盾，表现男性胸大肌肥厚、腋下背阔肌凹陷的外形特征，在缝制中，注重推、归、拔、熨等工艺的运用。

女装造型多体现胸部、腰部、臀部的体型差别，显现出优美的"S"形曲线。由于女性体型起伏比较大，单靠熨烫工艺与缝制技巧是远远不够的。因此，在结构设计上多进行省道的处理与转换，以解决女性胸部丰满造成的前腰节及背长差距过大的矛盾，并由此发展成为省、褶、缝等繁杂的装饰变化，分割线的交错运用与女性体型特征相结合，进而形成女装活泼多变的设计风格，与男装简洁庄重的设计风格形成强烈的对比。

男、女服装结构上的差异，使其追求的工艺风格有所不同。在缝制上，男装追求庄重挺括、板整平直，而女装则追求柔和平顺、秀丽活泼。

四　人体体型特征

当服装着于人体上，要想感到舒适、美观并对身体起到保护作用，就要求对人体特征有较为深入的了解，需要研究人体体型的数据及人体体型相关的基本知识。

1. 女体体型特征　成年女体体型特征主要表现为：颈部较细而长，其横截面基本为扁圆形；肩部较窄而倾斜，胸部乳房隆起；背部稍向后倾斜，使颈部前伸，造成肩胛骨突出；腰部纤细而柔软，由于骨盆宽厚使臀部外突更明显，腹部前挺且较圆浑宽大。整体呈上窄下宽，上部丰腴，下部稳健。女性肌肉没有男性发达，而皮下脂肪较男性多，它紧紧覆盖在肌肉上，外形显得较为光滑圆润，起伏较大，显现出优美的"S"形曲线。

2. 男体体型特征　成年男体体型特征主要表现为：颈部较粗，肩部阔而平，胸部前倾，胸廓发达，背部肩胛骨微微隆起，腰围与臀围差别小，臀部收缩而体积小，整体形成上宽下窄、挺拔有力的造型。躯干部较平扁，下身比上身长，皮下脂肪较少，皮肤下的肌肉和骨骼的形状能明显地显现出来。

3. 不同年龄的体型特征　人生长的各个不同时期，体型也在发生变化，因此在进行服装设计与制作时，必须考虑人体由于年龄、性别不同而存在的体型差异。

不同年龄的女性体型特征，如图1-2-4所示。

儿童时期，头颅大，颈短，躯干长，四肢短，肩狭，腹围大于胸围和臀围，体高4~4.5个头长，胸部前后径与左右径大体相等，呈圆柱形；成人期，各部位骨骼肌肉已基本定型，正常体高一般为7~7.5个头长，胸廓前后径小于左右径，呈扁圆

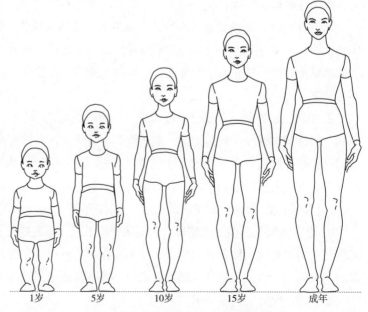

| 1岁 | 5岁 | 10岁 | 15岁 | 成年 |

图1-2-4　不同年龄的女性体型特征

形；中老年时期，胸廓变得扁平，腹部脂肪增加向前凸出，脊柱明显弯曲，由正常体过渡到非正常体。

对于女性来说，乳房随着年龄的增长也有明显的变化：少年时期，乳房尚未发育成熟，胸部平坦；青年时期，乳房开始发育，胸部截面形状由圆形逐渐变为扁圆形；成年时期，胸及乳部脂肪特别多而更显丰满；中年以后，乳房逐渐松弛下垂，隆起减少，由正常体型过渡到非正常体型；进入老年期，人的骨骼和肌肉都出现不同程度的萎缩，甚至变得弯腰驼背，衰老明显，身高比例约为7个头长。

由此可见，人出生后的生长变化规律是头颅变化慢，躯干、四肢生长快，其身高比例逐步增大，直至7~7.5头长的正常体型稳定下来；到了老年阶段，身高比例关系又趋向非常态。

💡 思考及练习

1. 熟悉人体纵、横向比例关系。
2. 骨骼与肌肉对服装有怎样的影响？
3. 男、女体型特征及差异有哪些？

任务二 人体测量

• 任务描述

1. 了解人体测量相关的基准点与基准线。
2. 掌握人体测量的方法及要领。
3. 掌握服装放松量与人体运动的关系。

• 任务实施

一　人体测量的基准点与基准线

1. 人体测量的基准点　科学测定和掌握人体数据，是服装结构设计的关键所在。若要测定出准确的数据，首先要正确把握人体测量点，如图1-2-5所示。

①头顶点：头部保持水平时头部中央最高点。

②眉间点：正面两眉中心点。

③颈椎点（BNP）：第七颈椎突起的部位，作为测量背长及衣长的基准点。

④侧颈点（SNP）：斜方肌的前缘与肩交点处，是肩线的参考点。

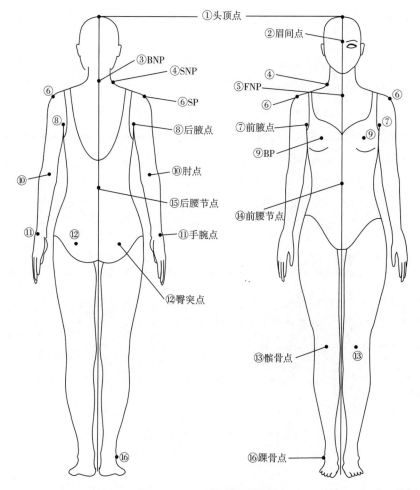

① 头顶点
② 眉间点
③ BNP
④ SNP
⑥ SP
④
⑤ FNP
⑥
⑥
⑦
⑧ 后腋点
⑦ 前腋点
⑨
⑨ BP
⑩ 肘点
⑩
⑮ 后腰节点
⑭ 前腰节点
⑪ 手腕点
⑪
⑫
⑫ 臀突点
⑬ 髌骨点
⑬
⑯
⑯ 踝骨点

图1-2-5　人体测量基准点

⑤颈窝点（FNP）：位于左、右锁骨中心，是颈根部凹下去的位置，是领口定位的参考点。

⑥肩端点（SP）：手臂与肩交点处，从侧面看是上臂正中央位置，是决定肩宽与袖长的参考点。

⑦前腋点：手臂与躯干在腋前交接产生皱褶点（手臂自然下垂状态），左、右前腋点间的距离是前胸宽的尺寸。

⑧后腋点：手臂与躯干在腋后交接产生皱褶点（手臂自然下垂状态），左、右后腋点间的距离是后背宽的尺寸。

⑨乳点（BP）：也称胸点。乳房的最高点，是决定胸围的基点，也是女装胸省省尖方向的基点。由于年龄的变化，乳点的位置也有所变化，应根据实际情况和需要决定。

⑩肘点：肘关节最突起的点，是袖肘线、后袖缝线、袖肘省省尖方向的重要点。

⑪手腕点：尺骨最下端点，在手腕位置向外侧突起的骨头上，是测量袖长的基准点。

⑫臀突点：臀部最突出点，是测量臀围的基准点。

⑬髌骨点：也称膝骨点。髌骨下端点，位于膝关节的中心，是大腿与小腿的分界部位，与裤子的膝围线对应。

⑭前腰节点：腰围线与前中心线的交点，是确定前腰节的参考点。

⑮后腰节点：腰围线与后中心线的交点，是确定后腰节的参考点。

⑯踝骨点：踝关节向外侧突出点，是测量裤长的参考点。

2. 人体测量的基准线 如图1-2-6所示。

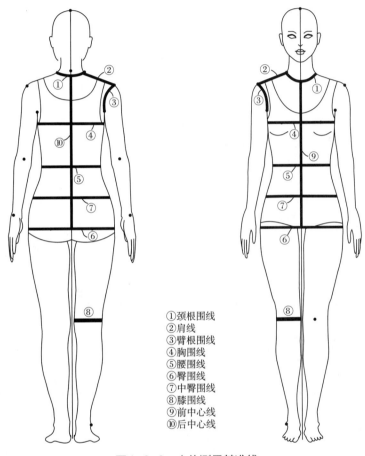

①颈根围线
②肩线
③臂根围线
④胸围线
⑤腰围线
⑥臀围线
⑦中臀围线
⑧膝围线
⑨前中心线
⑩后中心线

图1-2-6 人体测量基准线

①颈根围线：人体颈部与躯干的分界线，前面经过颈窝点，侧面经过肩颈点，后面经过颈椎点。

②肩线：肩端点与肩颈点连线。

③臂根围线：人体上肢与躯干的分界线，前经前腋点，后经后腋点。

④胸围线：通过乳点的水平围线。

⑤腰围线：通过前、后腰节点的水平围线。

⑥臀围线：通过臀突点的水平围线。

⑦中臀围线：通过腰与臀的中点的水平围线。

⑧膝围线：通过髌骨点的水平围线。

⑨前中心线：通过颈窝点、前腰节点的前身对称轴线（左、右分界线）。

⑩后中心线：通过颈椎点、后腰节点的后身对称轴线（左、右分界线）。

二 人体测量的部位与方法

测量人体主要部位的实际尺寸，是服装裁剪的第一步。测体工具一般用皮尺，从长度、围度和宽度等方面进行测量。

1. 长度测量 如图1-2-7~图1-2-10所示。

（1）身高（总体高）：被测者自然直立，由头部顶点量至地面的垂直距离。

（2）总长（体高）：从第七颈椎点（BNP）起量至地面的垂直距离。

（3）背长：从BNP点沿后背中线向下量至腰围线的距离。

（4）前长：从SNP点通过胸高点（BP）量至腰围线的距离。由于BP向前突出，所以从BP到腰围线这段距离软尺是不贴体的。

（5）后长：从SNP点经过肩胛骨最突出部位量至腰围线。

（6）胸高（乳高）：从SNP点向下量至乳点。

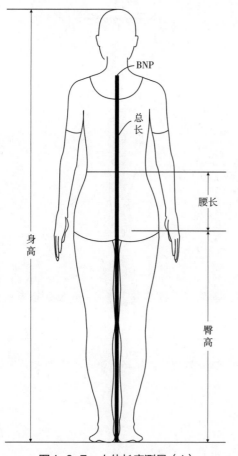

图1-2-7 人体长度测量（1）

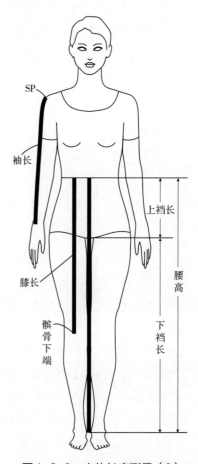

图1-2-8 人体长度测量（2）

（7）袖长：手臂呈自然下垂状态，从SP点向下量至腕骨或所需长度。

（8）腰高：从前腰正中位置量至地面的垂直距离。

（9）膝长：从前腰围线起量至髌骨下端，也是确定裙长的参照点。

（10）臀高：从臀部最突出位置起垂直量至地面的距离。

（11）腰长（臀长）：腰围线至臀围线的垂直距离。

（12）上裆长：从腰围线至大腿根部的垂直距离。

（13）下裆长：从臀部下端大腿根部开始量至地面的垂直距离。

（14）上裆前后长：从前腰正中开始，顺着前上裆绕过裆底至后上裆，直至后腰正中。这是制作裤子的重要尺寸，测量时软尺不能拉得过紧或过松。

2. 宽度测量　如图1-2-11、图1-2-12所示。

（1）总肩宽：沿左、右肩端点平量，软尺贴近第七颈椎点时略呈弧形。

（2）胸宽：从左前腋点量至右前腋点。由于胸部隆起，并有方向性倾斜，因此应呈弧线测量。

（3）背宽：从左后腋点量至右后腋点。

（4）乳距：测量左、右BP点间的直线距离。

3. 围度测量　如图1-2-13~图1-2-18所示。

（1）头围：从眉间点通过后脑最突出的位置围量一周。

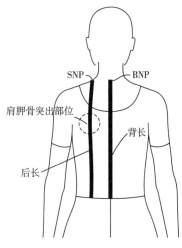

图1-2-9　人体长度测量（3）

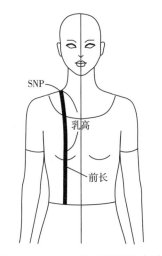

图1-2-10　人体长度测量（4）

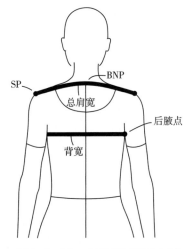

图1-2-11　人体宽度测量（1）

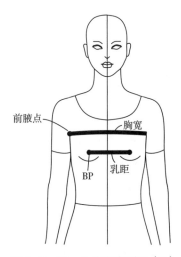

图1-2-12　人体宽度测量（2）

（2）颈围：围量脖颈一周（需通过FNP点、左右SNP点、BNP点）。

（3）胸围：在腋下沿胸部最丰满处水平围量一周，根据需要适当加放松紧度。

（4）腰围：在腰部最细处围量一周。此围度只是基础，根据需要适当加放松紧度。

（5）腹围：通过腹部最突出部位水平围量一周。根据需要适当加放松紧度。

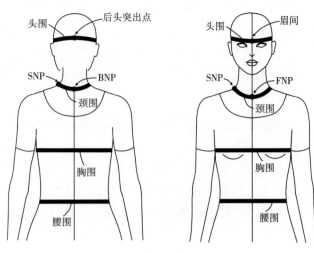

图1-2-13　人体围度测量（1）

（6）臀围：在臀部最丰满处水平围量一周。根据款式需要，适当加放松紧度。

（7）臂根围：从前腋点沿着手臂底至后腋点，经过SP点围量一周。测量时手臂稍向上抬起，然后放下手臂，在SP点用软尺围量一周。

（8）肘围：在肘关节部位的曲肘突出点，放下手臂围量一周。

（9）手腕围：沿手腕桡骨突出部位围量一周。

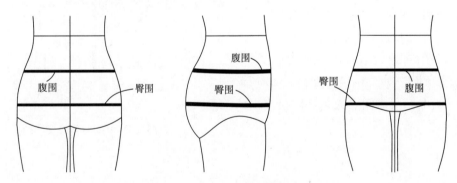

图1-2-14　人体围度测量（2）

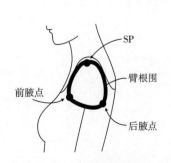

图1-2-15　人体围度测量（3）　图1-2-16　人体围度测量（4）　图1-2-17　人体围度测量（5）

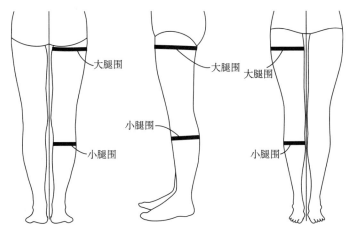

图1-2-18　人体围度测量（6）

（10）手掌围：大拇指往掌内收进，沿着大拇指和另外4个手指底部骨突出部位围量一周。

（11）大腿围：围绕大腿根部最粗部位水平围量一周。

（12）小腿围：沿小腿肚最粗部位围量一周。

三　人体测量注意事项

（1）要求被测者自然站立，双臂下垂，呼吸平稳，不能低头、挺胸，以免影响所量尺寸的准确程度。

（2）在测量过程中应仔细观察被测者的体型，对特殊体型如挺胸、驼背、溜肩、凸腹等应测量好特殊部位，并做好记录，以便制板时作相应的调整。

（3）在测量围度时，要找准外凸的峰位和凹陷的部位围量一周，注意测量的软尺保持水平，防止软尺在背部下滑或抬得过高，一般以垫入两个手指（颈围一个手指）为宜，不要将软尺围得过紧或过松。

（4）测体时要站在被测者的左侧，按顺序进行，一般是从前到后、由左向右、自上而下，按部位顺序进行，以免漏测或重复测量。

（5）在放松量设置表中所列出的各品种的加放松量尺寸，是根据一般情况约定的，根据不同款式或习惯的要求，可进行增减。

四　服装放松量与人体运动的关系

为了使服装适合于人体的各种姿势和活动，必须在服装的相关部位根据具体情况加放一定的余量，即放松量。服装放松量的确定是结构设计的重点，如果放松量过多，成品服装穿着时会显得宽大不合身；放松量过少，人穿着时就会觉得紧小不舒适。因此，加放一定的松量是成品服装的必要条件。

人体测量时，常常是贴体获得数据，按照测得的数据直接制板，服装虽然合体，但不能符合人体活动功能的需要，如上下肢的伸屈回旋、躯干的弯曲扭转、颈部的前倾后仰运动等，同时还需考虑服装款式、面料种类、穿着要求、形体及爱好、季节以及内着衣物厚度等因素。用皮肤的伸长率可以反映人体在活动时引起体表变化程度的大小。人体主要部位的运动所引起的体表最大伸长率如表1-2-1所示。

表1-2-1　人体主要部位表面的最大伸长率　　　　　单位：cm

伸长率＼主要部位	胸部	背部	臀部	肘部	膝部
横向（%）	12~14	13~16	12~14	15~20	12~14
纵向（%）	6~8	20~22	20~30	35~40	38~40

1. 放松量确定的原则

（1）体型适合原则：肥胖体型的服装放松量要小些、紧凑些，瘦体型的人放松量可大些，以满足不同体型的需求。

（2）款式适合原则：决定放松量的最主要因素是服装的造型，服装的造型指人穿上衣服后的形状，它是忽略了服装各局部细节特征的整体效果，服装作为直观形象，出现在人们的视野里首先是其轮廓外形。体现服装廓型的最主要因素就是肩、胸、腰、臀、臂及下摆的尺寸。

（3）合体程度原则：真实表现人体，尽量使服装与人体形态吻合的紧身型服装，放松量应小些；含蓄表现人体，宽松、休闲、随意性的服装，放松量则应大些。

（4）板型适合原则：不同板型各部位的放松量不同，同一款式，不同的人打出的板型也不同，最终服装的造型也千差万别。简洁贴体的服装、较正式的服装、有胸衬造型的服装放松量要小些；单衣、便服要适当大些。

（5）面料厚薄原则：厚重面料的放松量要大些，轻薄面料的放松量要小些。

2. 人体活动与服装放松量　我们知道，人体的活动将引起有关部位表面的尺寸变化。如果这种变化是伸长变化，那么设计服装时必须在该部位留出足够的放松量，否则将会限制、阻碍人体的正常运动。一般来说，衣服松量越大，身体活动越自由，但是松量超过了一定限度，衣服穿在身上就会走样，影响美观。所以说，正确地选择放松量，既能使衣服主要部位有良好的造型，又可赋予衣服优异的服用性、美观性和卫生性。

人体在活动时，无论是哪一个部位，其横向（或纵向）表面的最大伸长量都将决定横向（或纵向）服装放松量的最小限度。也就是说，服装运动松量的最小值应该是该运动部位的最大伸长量。

当然，人体运动并不是唯一决定服装放松量的因素。除了运动，服装放松量的大小还会受到其他因素的制约。

3. 放松量与空隙量的关系　放松量指在人体净尺寸上增加放松尺寸，这些增加的尺寸统称为放松量。它主要有三方面作用：一是满足人体活动的需要；二是为了容纳内衣的需要；三是为了表现服装的形态效果。显然，前两者是功能性的，后者则属于装饰性的。

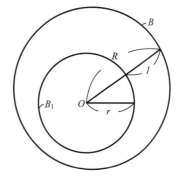

空隙量指衣服与人体的空间量。由于人体形态变化缓慢，可以视空隙量为定量，在研究服装造型变化时，各部位空隙量的大小就成为控制服装轮廓的基本手段。

图1-2-19　放松量与空隙量的关系

放松量与空隙量的关系可用一个实验得出，为讨论问题方便，先将人体胸、腰、臀部的横截面视为"圆"，现以胸围为例作如下说明，如图1-2-19所示。

设胸围尺寸为圆周长B_1，算出半径r，圆心为O；再以成品胸围尺寸B算出半径R，仍以O点为圆心。根据圆的周长公式可推导出以下公式：

$$B-B_1=2\pi \times (R-r)=2\pi I$$

$$\downarrow \qquad\qquad \downarrow$$

$$放松量 = 2\pi \times 空隙量（I）$$

由此可以根据这种关系列表，如表1-2-2所示：

表1-2-2　放松量与空隙量的换算表　　　　　　　　　　　单位：cm

放松量	4	6	8	10	12	14	16	18	20	22
空隙量	0.64	0.96	1.27	1.59	1.92	2.23	2.55	2.87	3.18	3.58

💡 思考及练习

1.人体测量中需参考的基准点与基准线有哪些？

2.完成裤子的规格设置需测量哪些部位？需注意什么？

3.完成衬衫的规格设置需测量哪些部位？需注意什么？

4.确定放松量应遵循什么原则？

5.放松量在服装中有什么作用？

项目二
下装结构设计原理与样板

模块一　裙装结构设计原理与样板

● 教学目标

终极目标：理解裙装结构技术原理，独立完成各类裙子的结构制板，充分表达设计意图。

促成目标：

1. 掌握裙装结构设计原理。
2. 掌握裙装结构样板的绘制。
3. 掌握裙装测量技术。

● 教学任务

1. 完成裙装相关部位尺寸测量。
2. 依据服装号型标准设置裙装规格尺寸。
3. 利用服装制图符号与部位代码，完成裙装结构样板的绘制。

任务一　裙装结构分类与构成

● 任务描述

1. 了解裙子的分类。
2. 掌握裙子的测量部位。
3. 掌握裙子的结构线名称。

● 任务实施

裙子是覆盖女性下半身的服装，其款式丰富多样，造型美观、飘逸，能够充分表现出女性的柔美特征，在女性服装上的运用极为广泛，不受年龄的限制，不同年龄的女性均可穿着。

一 裙子的分类

（1）根据长度分类：超短裙、迷你裙、膝长裙、中长裙、长裙、超长裙，如图2-1-1所示。

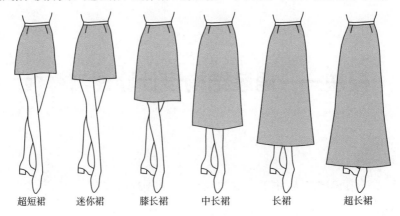

| 超短裙 | 迷你裙 | 膝长裙 | 中长裙 | 长裙 | 超长裙 |

图2-1-1　根据裙长分类

（2）根据廓型分类：H型、A型、X型、V型等，如图2-1-2所示。

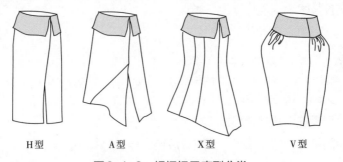

| H型 | A型 | X型 | V型 |

图2-1-2　根据裙子廓型分类

（3）根据片数分类：一片裙、四片裙、多片裙、多节裙。

（4）根据腰位高低分类：低腰裙、无腰裙、装腰裙、高腰裙、连腰裙，如图2-1-3所示。

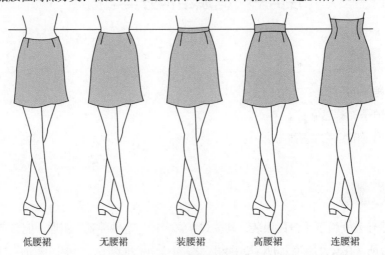

| 低腰裙 | 无腰裙 | 装腰裙 | 高腰裙 | 连腰裙 |

图2-1-3　根据裙子腰位分类

（5）根据褶的类别分类：单向褶裙、对褶裙、活褶裙、碎褶裙、立体褶裙等，如图2-1-4所示。

| 单向褶裙 | 对褶裙 | 活褶裙 | 碎褶裙 | 立体褶裙 |

图2-1-4　根据裙褶的类别分类

二　测量部位及方法

裙装的测量部位主要包括裙长、腰围、臀围、裙摆，测量方法如下：

裙长：腰节线至所需裙长的长度。

腰围：腰部最细处水平围量一周的长度。

臀围：臀部最丰满处水平围量一周的长度。

裙摆：裙子下摆周长，通常根据款式制定或根据实际测得。

三　裙装基本结构线

裙装基本结构线的名称，如图2-1-5所示。

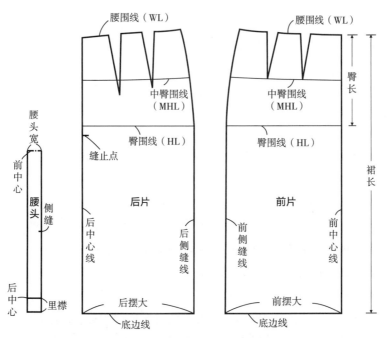

图2-1-5　裙装基本结构线名称

任务二　裙装基本型与结构分析

• 任务描述

1. 掌握裙装尺寸规格。
2. 掌握裙装基本型结构制图步骤及方法。
3. 掌握裙装结构制图的相关原理。

• 任务实施

裙装的基本型是围拢腹部、臀部和下肢（不分两腿）的筒状结构造型。

一　裙装基本型制图

1. 制图尺寸

选择号型：160/66A。

规格设置：

（1）裙长：0.4号 –8=56cm。

（2）腰围：净腰围 +2=68cm。

（3）臀围：净臀围 +4=92cm。

2. 制图步骤及方法

（1）绘制基础线：如图2-1-6所示。

①作长方形：长边为裙长（不包括裙腰），短边为H/2作长方形。长方形的右边为前中心线，左边为后中心线，上边为上平线（裙长线），下边为下平线（底边线）。

②绘制臀围线（HL）：从上平线下量H/6或测量臀长的距离。

③绘制侧缝线：从HL线的中点向后中心线移1cm。

（2）绘制轮廓线：如图2-1-7所示。

①绘制前腰围线：在前中心线的顶点沿上平线量W/4+1cm（前后调节量），并将其至侧缝线的余量三等分，取2/3为腰围尺寸；过端点上翘0.7cm，向下画顺至侧缝线。

②绘制后腰围线：在后中心线的顶点沿上平线量 $W/4-1$ cm（前后调节量），并将其至侧缝线的余量三等分，取 2/3 为腰围尺寸；过端点上翘 0.7cm，向下画顺至侧缝线。后中心线顶点下落 0.8~1cm。

③绘制省位：将前、后腰围三等分。

④确定裙摆开衩、拉链的位置。

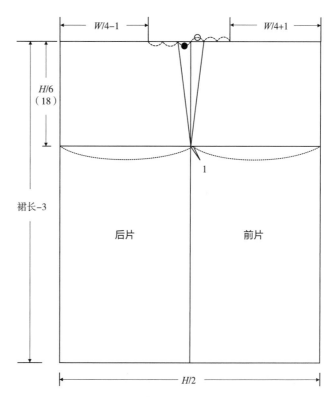

图2-1-6　裙基型基础线

二　裙装结构分析

1. 放松量的确定

（1）腰围放松量：在裙装中腰围规格变化最小。根据下肢动态参数可知，人在呼吸及站立、坐时，腰围会有 2cm 的差数变化；从生理学角度讲，人体腰部缩小 2cm 时，人体不会产生强烈的压迫感，所以裙腰的放松量可控制在 0~2cm。对于一些靠裙腰固定裙子的裙装，由于它没有裤装的裆部控制，放松量一般取下限。

（2）臀围放松量：臀围放松量的大小直接影响裙装的款式风格。

宽松裙装：关于宽松造型的裙装，放松量可不做严格规定。

合体裙装：对于合体的裙装，其臀围的加放应考虑人体的体型特征及活动机能。

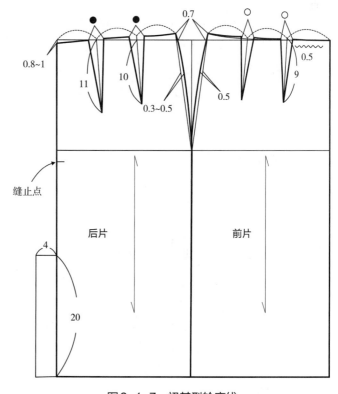

图2-1-7　裙基型轮廓线

影响变化最大的是人坐地且前屈90°，臀围平均增加4~6cm。若满足人体臀围的舒适量，应加放4cm的松量。

（3）裙摆放松量：通常裙摆的大小由款式造型而定，无论怎样，裙摆的设计都要适应人步行、跑跳、上下楼梯等动作的基本要求。表2-1-1为平均步幅裙长与裙摆尺寸的变化，裙长越长、裙摆尺寸越大；随着裙摆的增加，臀腰差余缺处理的意义就越小，裙摆受收省的制约也就减小。

表2-1-1　步行时裙摆大小的尺寸

单位：cm

项目 　　部位	步幅	膝上10cm	膝部	小腿突出	小腿突下10cm	脚踝
平均	67	94	100	126	134	146

2. **腰高的确定**　人体的下肢部位可视为5个头长，腰围线至臀围线基本为一个头长减去腰宽3cm，长度约为18cm。

3. **开衩（褶裥）的确定**　开衩的设计是为了便于行走，出于对服装运动功能的考虑。直筒裙或收摆裙，当裙长超过膝盖时，下肢行动时会有束缚感，步行所需的裙摆量不足，此时应采用开衩（褶裥）的方法来解决。缝止点可根据日常生活的动作，一般在膝关节以上18~20cm为宜。

开衩的长短应视裙子的长短而定。裙子越长，开衩越长；反之，开衩则短。一般开衩的最高端不超过臀围线以下15cm，开衩过高会影响美观。

4. **腰省的确定**　腰省是为了解决臀围、腰围的差量而设定的。成年女性的臀腰差一般为20cm左右，处理这部分差量是下装的关键，通常可采用收省、分割、褶裥的形式来解决。

设计省道时应考虑省道的位置、大小及长度，为了造型的美观，省道应分布均衡；收省量应根据臀腰差的大小进行调整，差数大，每个省道的收省量也应增大，反之亦然；省的长度也应随省量的大小而变化，省量大省的长度就长，省量小省的长度则短，通常省的长度设定在中臀围线与臀围线之间。

💡 思考及练习

1. 确定腰围放松量的依据是什么？
2. 如何确定臀围的放松量？
3. 处理裙子腰省有哪几种形式？处理时应考虑哪些因素？
4. 熟练掌握裙装基本型结构制图。

任务三　各类裙装样板设计

● 任务描述

1. 掌握各类裙型的款式特点。
2. 掌握各类裙子结构分析的要点。
3. 掌握各类裙子结构制图的方法及样板转换。

● 任务实施

在服装设计中，大多数的服装造型往往脱离它的原型，而去寻求一个新的表现方式，也就是在适应人体体型的合理结构基础上，创造新的功能性与艺术性完美结合的造型表现形式。在裙子造型中，一般按照廓型、分割和打褶这三个基本结构规律进行变化。

一　裙子基本纸样的廓型变化

廓型，指服装形态投影的轮廓，是服装内部、外部结构线整体配合的结果。我们常以廓型的变化为依据，理解并掌握裙子款式变化的内在规律，用以指导裙子的样板设计。值得指出的是，在裙子的样板设计中，既可以借用基型，也可以脱离基型。

1. 窄摆裙（一步裙）

（1）窄摆裙款式特点：如图2-1-8所示。窄摆裙属于贴身结构，廓型类似基型裙；前、后片腰部分别设置腰省；由于裙摆微收，在裙后片要做开衩处理。

（2）窄摆裙结构分析：

①窄摆裙的裙长：窄摆裙为短裙，其长度应在膝盖之上，裙长可设为50cm左右。可利用裙基型样板，将底边线提高10cm即可得到裙长。

②窄摆裙的臀围：由于臀围合体，放松量可设为基本放松量4cm，亦可利用裙基型进行设计。

③窄摆裙的下摆：为吻合下摆收拢的造型效果，前、后下摆的侧缝处各收进1.5cm，并适当下翘，确保裙底边水平。

④功能分析：窄摆裙、基型裙等贴身造型的裙子，都应设计功能性的开衩。本例窄摆裙是在后中心线设计开衩，除此之外，还可以在侧缝设计开衩。另外，也可以在后中心设计阴裥，也同样具有开衩的功能。

（3）窄摆裙结构图绘制：绘制方法如图2-1-9所示。

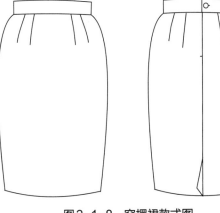

图2-1-8　窄摆裙款式图

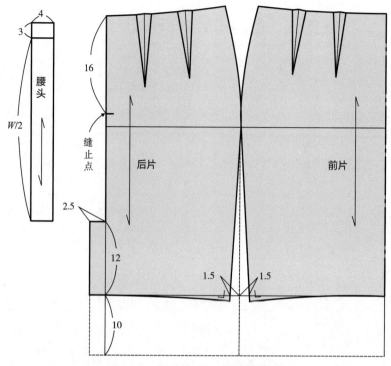

图2-1-9　窄摆裙结构图

2. 紧身裙（基型裙） 基型裙在前面已经作了详细的论述。基型裙和窄摆裙的样板设计与功能设计极其相似，只是基型裙在臀围线以下的侧缝采用竖直线。由于运动功能的需要，基型裙也应设计开衩。

3. 小A型裙

（1）小A型裙款式特点：如图2-1-10所示。小A型裙裙摆外展，前、后裙片腰部各收两个腰省，整体廓型呈字母"A"型故而得名。

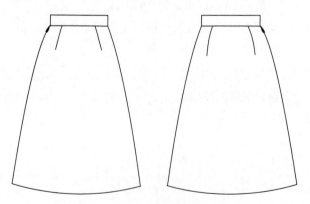

图2-1-10　小A型裙款式图

（2）小A型裙结构分析：

①小A型的裙长：在此类裙型中，裙长的设置通常在膝盖部位，因此长度可设置为

60cm左右。

②小 A 型裙的臀围：由于小 A 型裙臀围采用贴身设计，臀围的放松量可设为4~5cm。

③小 A 型裙的下摆：下摆加宽到能满足人们日常行走的需要，所以不需要设计开衩。通常，下摆加宽量可根据臀围线以下10cm处外放1~1.5cm而定。无论裙长为多少，利用此方法设置的下摆都不会妨碍人们的日常活动。

（3）小 A 型裙结构图绘制要点：

①臀围线及侧缝辅助线的确定：根据所需的臀围放松量定出前、后片的臀侧点，对于大腿粗壮的体型，可将臀围的放松量加大一些，否则，会出现大腿附近部位的松量不足，导致外观弊病的产生。根据腰长和裙长尺寸分别画出臀围和下摆辅助线，以此点与臀侧点连一条直线为侧缝辅助线。

②裙摆的确定：裙下摆加宽量按臀围线以下10cm处外放1~1.5cm来确定。

③腰围线、腰省的确定：按腰围与省量画出腰围线和省道，注意腰侧点应上翘1~1.2cm。

根据人体体型的不同，纸样会有一些差异，腰臀差量较大时，前后片设计一个省道会使省量偏大，当省量大于3.5cm时，最好设计两个省，这样裙子的贴伏程度和形状会更好些。

（4）小 A 型裙结构图绘制方法：如图2-1-11所示。

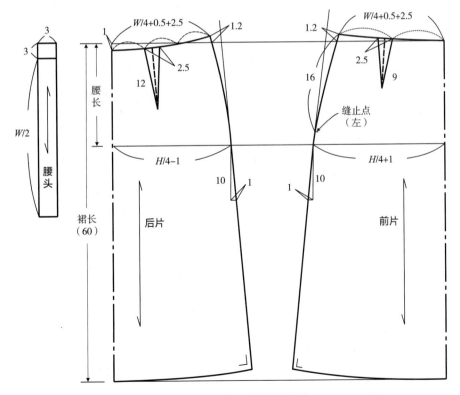

图2-1-11　小 A 型裙结构图

4. A型裙

（1）A型裙款式特点：如图 2-1-12 所示。A型裙腰部合体，前、后片各设置两个腰省；裙下摆展放量大于小A型裙，呈现出自然褶量。因此仅从侧缝增加摆量已不够，而需设法在裙片的中间也加入一定的松量。

（2）A型裙的结构分析：

①下摆展放量的确定：下摆展放量由省道的长短及省量的大小来

图2-1-12　A型裙款式图

决定。为了便于理解可利用裙基型，将基型上靠近前、后中心线的省量折叠转移至下摆。具体方法是将省尖以上的部分纸样折叠，剪开省尖以下的部分，使其两边张开。

②裙侧缝的确定：为使A型裙的均衡感好，前、后片增加的摆量要一致，因此可以调节前、后省道长使其相等。如果将省道折叠使裙摆增加的量记为"△"，则在侧缝处加宽 1/2"△"的量，这样前、后片缝合后就有一个"△"的量。经过这样处理的裙摆褶量分布均匀，立体感强。

③确定省道及腰线：修顺侧缝线，臀围处也增加了些许松量；画顺腰线，这时裙腰中含有一个省量，可在腰线中点处重新定位省造型。

（3）A型裙结构图绘制：绘制方法如图2-1-13所示。

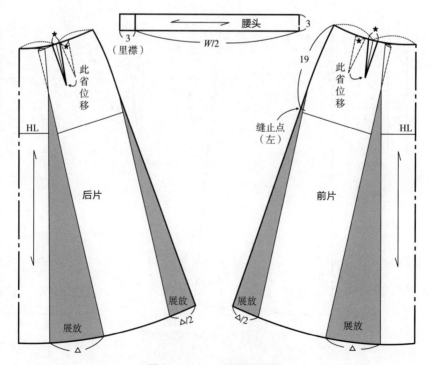

图2-1-13　A型裙结构图

5. 斜裙

（1）斜裙款式特点：如图2-1-14所示。斜裙的腰部合体，腰省消失；斜裙的下摆大于A型裙，裙摆放量增加，呈自然波浪状。

（2）斜裙结构分析：

①确定裙摆放量：可利用裙基型，在裙片的中间加入一定的松量而达到效果。方法是先将前、后裙片四个省道的长度调整为等长，再从省尖点向裙底边作垂线，以省尖点为基点旋转纸样，将腰部省量全部闭合展开下摆，这样裙子可以均匀地增加下摆围，褶量分布也均匀。

②侧缝的确定：如果省道折叠使裙摆增加的摆量记为"△"，则需要在侧缝处加放1/2"△"的摆量。

③修顺侧缝线及腰线：展放后的裙子已没有省道，腰线弯曲呈弧线形；由于臀围处增加了很多松量，因此侧缝结构线趋于直线造型。

（3）斜裙结构图绘制：绘制方法如图2-1-15所示，斜裙样板展放如图2-1-16所示。

6. 半圆裙

（1）款式特点：如图2-1-17所示，半圆裙的裙摆放量更大，自然下垂呈波浪状。面料不同，着装后的

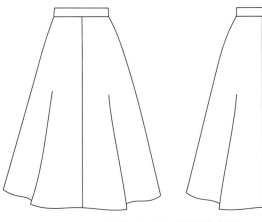

图2-1-14　斜裙款式图

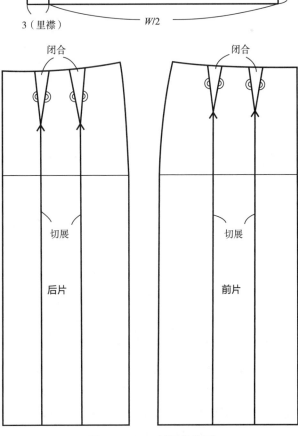

图2-1-15　斜裙结构图

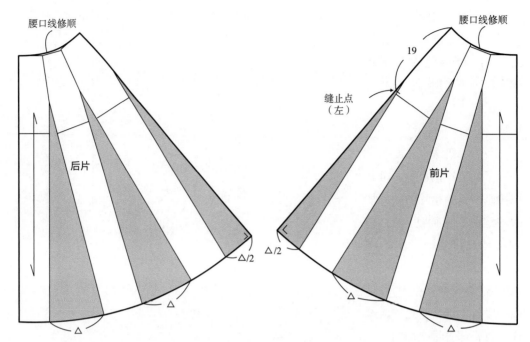

图2-1-16 斜裙样板展放图

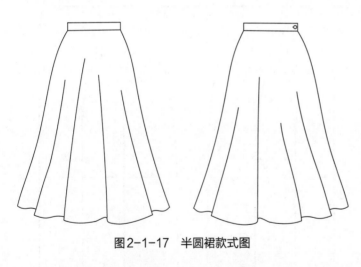

图2-1-17 半圆裙款式图

效果也不同。

（2）半圆裙结构分析：

①利用折叠展开法绘制结构：半圆裙裙摆的增加可以通过切展基型的方法得到。具体方法是先将两个省道折叠展开为斜裙，然后均匀切展斜裙样板使裙摆增大，一直到每片裙片是1/8的圆为止，侧缝再修顺为直线，此时的样板就是半圆裙。

②利用半圆裁剪法绘制结构：半圆裁剪法就是利用腰围尺寸绘制一个半圆。设腰围尺寸为W，裙长为L，腰围圆周的半径为R，根据圆周的计算公式为$R=W/\pi$，在具体操作时，为方便应用，一般取$R=W/3-1$。

（3）半圆裙结构图绘制：以两片式结构的半圆裙为例，具体绘制方法如图2-1-18所示。以O点为圆心，按求出的半径（$R=W/3-1$）画90°角的圆弧，此弧线即为腰围线，再以O点为圆心，以$R+L$长为半径画90°角的圆弧，此弧线即为裙底边线。最后，不要忘记在腰部后中线处下落1cm，重新修顺腰线。

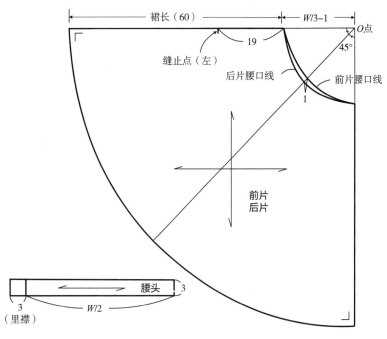

图2-1-18 半圆裙结构图

7.圆裙

（1）圆裙款式特点：如图2-1-19所示，圆裙与半圆裙相类似，只不过其腰围与裙摆圆弧均为一个完整圆；注意面料的选择，材质不同、薄厚不同，呈现出的效果也不同。

（2）圆裙结构分析：

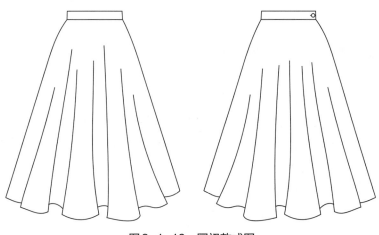

图2-1-19 圆裙款式图

①圆裙裙片的确定：绘制圆裙裙片半径时可采用 $R=W/2\pi$，它正好为半圆裙的一半，也可近似地取 $R \approx W/6-0.5cm$。

②裙摆线的调整：圆裙穿在人体上后，下摆自然下垂，由于面料纱向不同悬垂性也不尽相同，会出现下摆底边高低不平的弊病，通常45°斜纱方向最低而直纱方向最高。为避免上述弊病，应在圆裙样板的45°斜向处缩短2~4cm，然后修顺下摆底边线。当然，不同面料的性能差异很大，可有不同的处理方法，最好的处理方法就是将裙子穿在人台上进行立体修正。

（3）圆裙结构图绘制：绘制方法如图2-1-20所示。

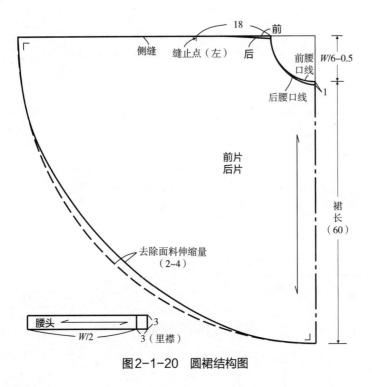

图2-1-20　圆裙结构图

二　裙基样的分割设计

裙子造型的变化除了在廓型上变化，还可在基本纸样的基础上，通过分割、打褶或二者结合，以达到实用美与形式美的和谐统一。

分割裙结构设计以基本裙型为前提，在设置分割线时不论是横向还是竖向都不能随意设计，而应依据人体凸点进行设计，将腰臀差量巧妙地处理在分割线中，达到外形美观、实用、合体的功效。

分割裙的设计一般分为竖线分割、横线分割、斜线分割及多种分割并存的几种形式，从而使裙型结构的表现力更为丰富，但通常多保持A型的廓型特点。

竖线分割裙就是通常所说的多片裙，有四片裙、六片裙、八片裙、十片裙等。

1.六片式分割裙

（1）六片式分割裙款式特点：如图2-1-21所示。六片分割裙的前、后片各设有两条分割线使整个裙子变为六片式；腰、臀部位贴体，裙摆外展，

图2-1-21　六片式分割裙款式图

外部轮廓整体呈A型。

（2）六片式分割裙结构分析：

①裙腰及臀围的设置：可根据人体的腰围和臀围的成品尺寸，采用比例式裁剪法的四分法绘制。

②分割线位置的确定：在绘制好的前、后裙片内部进行三等分，在靠近中心线的1/3处确定分割线的位置，将腰省量转入竖线分割线之中，同时裙摆做展放处理。

（3）六片式分割裙结构图绘制：绘制方法如图2-1-22所示。

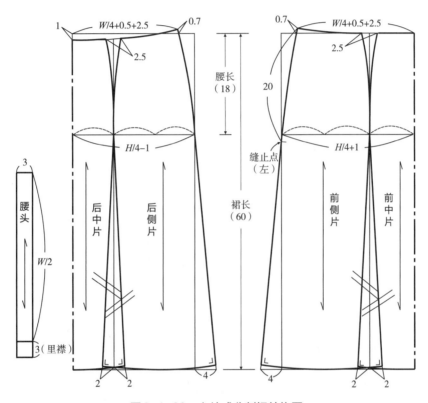

图2-1-22 六片式分割裙结构图

2. 八片鱼尾裙

（1）八片鱼尾裙款式特点：八片鱼尾裙因外形轮廓酷似鱼尾而得名。如图2-1-23所示，八片鱼尾裙将裙片分割为八片，臀部合体、裙摆如鱼展放。

（2）八片鱼尾裙结构分析：

①利用比例法绘制裙片：依据n片就分成n等份的方法，八片鱼尾裙的样板绘制可将腰围和臀围的成品尺寸分别分成八等份。

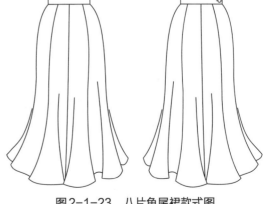

图2-1-23 八片鱼尾裙款式图

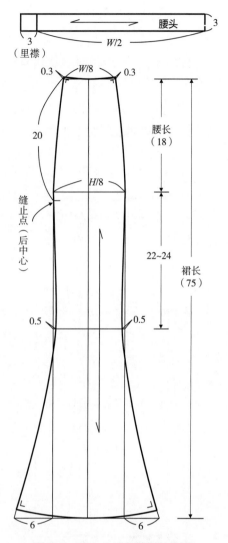

图2-1-24　八片鱼尾裙结构图

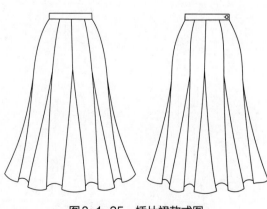

图2-1-25　插片裙款式图

②裙摆量的确定：下摆增加量没有固定尺寸，可多可少，通常视外形效果而定。

③腰围线、分割线的修正：利用比例法绘制裙片时注意要在腰线两侧上翘0.3cm。

④内凹弧线的绘制：由于下摆的张开而形成收拢的错觉，在臀围线以下22~24cm处作分割线的凹进约0.5cm，重新绘制光滑的内凹弧线。

（3）八片鱼尾裙结构图绘制：绘制方法如图2-1-24所示。

3. 插片裙

（1）插片裙款式特点：如图2-1-25所示，插片裙腰部及臀部合体；前、后片做纵向分割，形成八片造型，且在每条分割线中插入三角形片；插片面料的选用广泛、灵活，既可选择与裙身相同的面料，也可选择质地、色彩、图案花纹不同的面料，从而形成独特的风格。

（2）插片裙结构分析：

①裙身摆量的确定：裙身片两侧的展放量不宜过大，通常控制在3cm左右。

②裙插片的确定：裙插片的确定无固定尺寸，大小、长短取决于款式需求。为了廓型美观，通常插角长度设置在臀围线向下4cm左右，摆大为裙身片展放量的2倍。

③插片斜边的修正：原则上插片的斜边长"△"应与分割线中的斜边长"△"相等，但由于斜纱角度不同，面料的变形能力也不一样，因此需将插片的斜边进行修正。

（3）插片裙结构图绘制：绘制方法如图2-1-26所示。

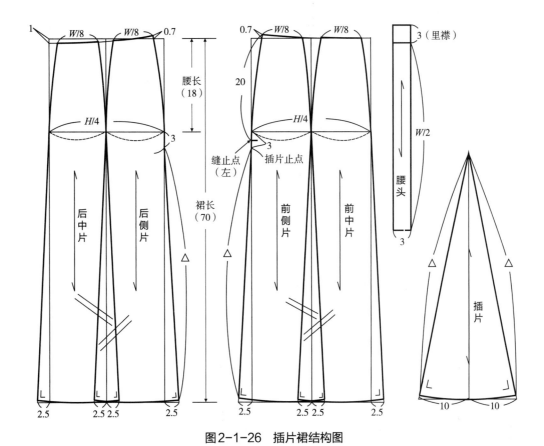

图2-1-26 插片裙结构图

三 裙子基本纸样的打褶设计

如果说省与分割线都是为合体与造型两种目的而设计的，那么打褶的形式却可以取代省和分割线，从而使造型呈现出省与分割线无法呈现的独特风格。

褶的分类大体上有两种：第一种是自然褶（包括波形褶和缩褶两种），自然褶具有随意性、多变性的特点；第二种是规律褶（常见的有箱形褶、刀形褶、风琴褶等），规律褶则表现出具有秩序的动感性。在实际中，褶一般多与分割线相结合来设计。

1. 波形褶裙

（1）波形褶裙款式特点：如图2-1-27所示，波形褶裙分为两部分：上半部分造型如基型裙，腰部、臀部合体；下半部分如波浪裙，裙摆展放；整体廓型近似鱼尾裙。

（2）波形褶裙结构分析：

①波形褶分割线的确定：设置分割线的位置需考虑裙身的比例关系，通常会取裙长

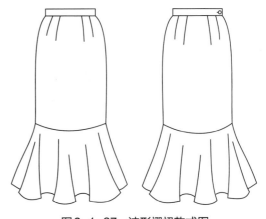

图2-1-27 波形褶裙款式图

的二分之一下移5cm左右，或是直接定位在膝盖附近。

②裙摆量的确定：裙摆量的确定既要考虑功能性，又要注重美观性，可采用样板展放法获得，褶量的多少视款式要求而定。

（3）波形褶裙结构图绘制：绘制方法如图2-1-28所示。

纸样展放如图2-1-29所示。

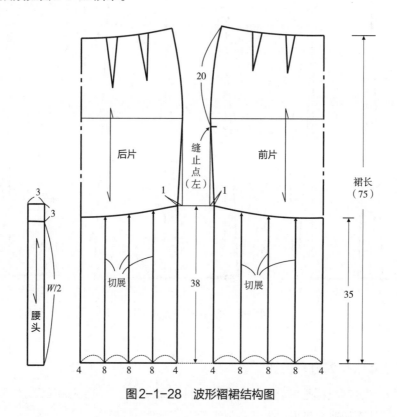

图2-1-28　波形褶裙结构图

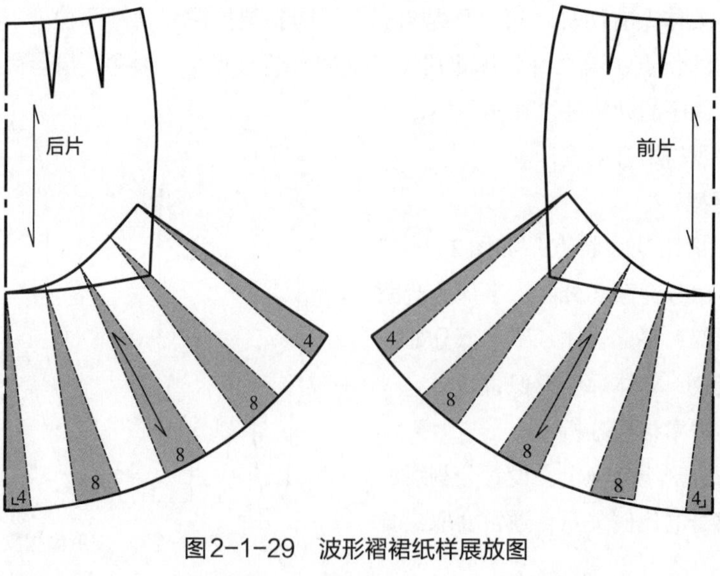

图2-1-29　波形褶裙纸样展放图

2. 塔裙 塔裙又称节裙、层裙。它是指两层或多层面料横向拼接或重叠缝制而形成的具有阶梯形状的裙子。其外轮廓越向下，下摆张开越大。

根据缝制方法的不同，塔裙大体分为两类：

一类是层层连缀，如图2-1-30所示，每一层裙片的上沿都缝在上一片的下沿上，并抽有细褶，在裙身上有明显的横向拼缝线。这类裙子的长度比例一般是上短下长

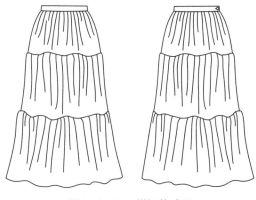

图2-1-30 塔裙款式图

按比例逐层递加，抽褶的量多为每一层宽度的1/2，这样形成的裙形褶裥细密、通体顺垂，只有最下面一层的下摆散开。

另一类是在裙子里面缝有衬裙，每一层裙片的上沿都固定在衬裙上，接缝较隐蔽，被上一层的底边盖住。接缝的位置可以是高低间隔错落的，也可以是将几片裙片的上沿都缝在一起。行走时裙摆层层散开，给人以飘逸之感。

现以节裙为例，进行结构图的绘制，如图2-1-31所示。

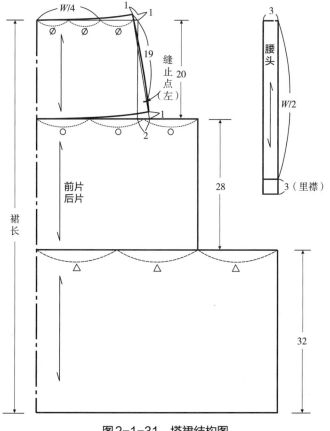

图2-1-31 塔裙结构图

3. 细褶裙

（1）细褶裙款式特点：细褶裙又称碎褶裙，如图2-1-32所示，通过面料的抽缩，在腰部形成均匀又自然的细褶，面料质地不同，裙褶呈现的效果也不相同。

（2）细褶裙结构分析：细褶裙是一款很容易裁剪的裙型。常用的方法是准备裙长2倍的面料，在面料的一侧扣除裙腰的用料后，按面料的宽度裁剪而成。这种裁剪方法的优点是简单方便，不足是成型效果不理想，裙腰处细褶过密，腰部会有臃肿感。

（3）细褶裙结构图绘制：为设计出腰部褶量合适、裙摆充裕、廓型美观的褶裙，可以参照图2-1-33进行结构图绘制。通过采用斜裙的裁剪方法，使腰线上翘，同时加大一倍腰围尺寸，这样就能得到一款腰部褶量合适的宽摆细褶裙。

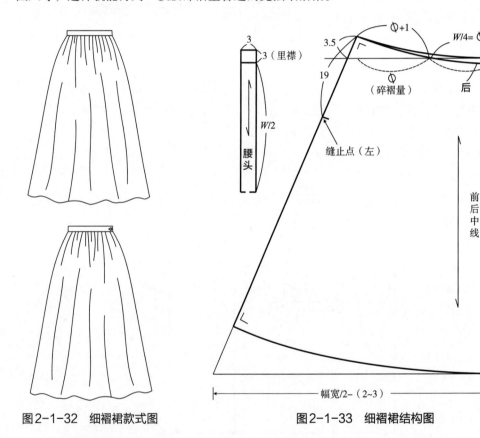

图2-1-32　细褶裙款式图　　　　　　　图2-1-33　细褶裙结构图

4. 刀形褶裙

（1）刀形褶裙款式特点：如图2-1-34所示。刀形褶裙的每一个褶都等宽，且褶面倒向同一方向，整体效果呈现出规律美。

（2）刀形褶裙结构分析：

①褶面间距的确定：褶面间距可随意设计，通常取值的范围为4~6cm，不同间距的刀形褶呈现出的整体效果、规律美不同。

②褶量大小的确定：褶量大小的确定可根据裙摆放量的多少取值，褶量大，裙摆展放量就大；反之，褶量小，裙摆展放量就少。通常褶量最大不超过褶面间距的2倍。

③褶折线的确定：为使褶折线稳定，不受走动的影响，需用熨烫设备将褶折线烫成刀刃状，这样即使走动，褶折线也会保持不变，充分呈现出规律美。

（3）刀形褶裙结构图：绘制方法如图2-1-35所示。

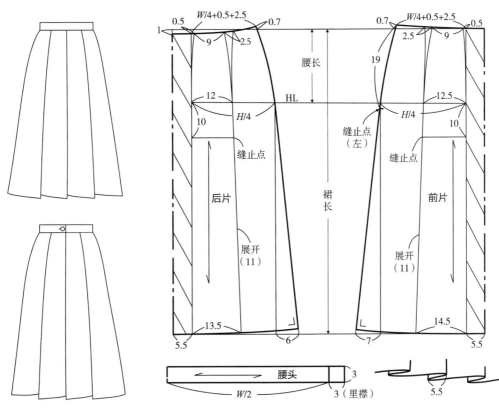

图2-1-34　刀形褶裙款式图　　　　　　图2-1-35　刀形褶裙结构图

5. 百褶裙

（1）百褶裙款式特点：百褶裙又称普力特褶裙，这类裙需有规律地折叠，且要用熨烫设备熨出一道道有序排列的折痕。如图2-1-36所示，百褶裙的腰部和臀部呈合体状态，均匀规律的压褶固定于腰部，自然下垂至裙摆，由于裙摆张开的压褶，使整个裙型呈廓型A状。

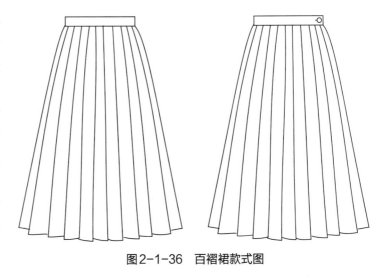

图2-1-36　百褶裙款式图

（2）百褶裙结构分析：

①臀、腰围尺寸设置：由于裙褶折叠后产生厚度，因此在绘制时要按腰围和臀围的尺寸加出一定的放量来设计，通常腰围和臀围的放松量为6cm和8cm。

②褶量大小的设置：根据裙褶的个数将腰围线、臀围线、底边线等分成n份，这样就能得到褶的间距值，再根据褶距确定褶量的大小。

百褶裙的前、后中线是对折的，可将接缝巧妙地隐藏在暗褶之中，暗褶的宽度可以随意设计，一般在臀围线的位置上是明褶的2倍。同时将腰、臀差量划入褶裥中，确定好省道的长度，修正腰围线。

（3）百褶裙结构图及褶裥加放：结构图绘制方法如图2-1-37所示。

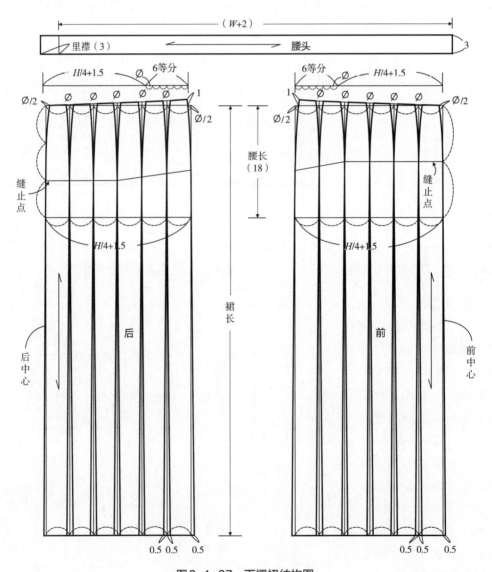

图2-1-37　百褶裙结构图

百褶裙褶裥的加放方法如图2-1-38、图2-1-39所示。

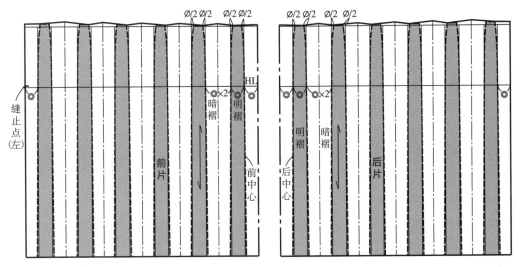

图2-1-38　百褶裙加放褶裥的方法（1）

在面料用量确定的情况下，暗褶量的计算方法如下：

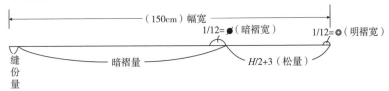

图2-1-39　百褶裙加放褶裥的方法（2）

6. 箱形褶裙

（1）箱形褶裙款式特点：箱形褶裙又称对褶裙，如图2-1-40所示。裙片上的对褶整个凹进，褶面在下，褶底在上，臀围线以上部分两个褶底的折边对合并缝合在一起，臀围线以下部分自然张开形成暗褶裥。

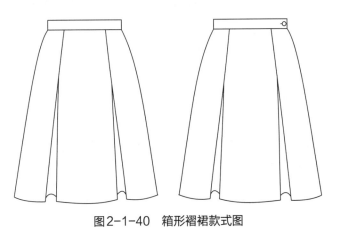

图2-1-40　箱形褶裙款式图

（2）箱形褶裙结构分析：可利用分割裙结构变化完成。在前、后裙片的中点设置褶位，然后在褶位中加入褶裥量。通常褶的位置可以设置在几个重点部位，如裙子的前、后中心线或两侧。褶的数量可多可少，当褶的数量多时也可均匀分布在裙身一周。缝制箱形褶时要注意将褶的两个褶边对齐、并拢，保证褶线的顺畅。

（3）箱形褶裙结构图绘制：绘制方法如图2-1-41所示。

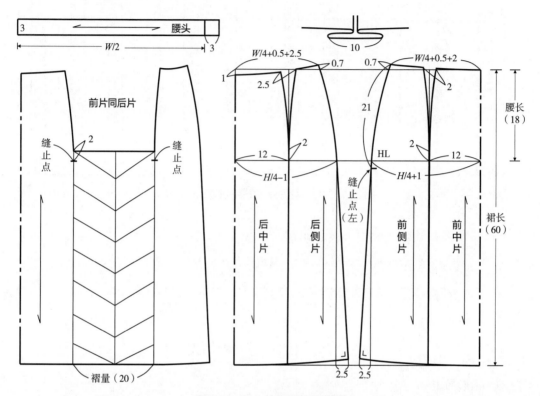

图2-1-41　箱形褶裙结构图

💡 **思考及练习**

1. 完成一步裙的款式图及结构图绘制。

2. 完成小A型裙、A型裙款式图及结构图绘制。

3. 掌握斜裙、圆裙款式特点及结构图绘制方法。

4. 掌握六片式分割裙的结构样板绘制。

5. 掌握插片裙的结构分析及样板绘制。

6. 完成刀型褶裙的款式图、结构图绘制。

7. 掌握箱形褶裙的款式特点及结构图绘制方法。

模块二　裤子结构设计原理与样板

任务一　裤子结构分类与构成

● **任务实施**

　　裤子原本专指男性的下装，但随着时代的变化，裤子这种下装形式已逐渐占领了女性
的时装空间。在第一次世界大战以前，裤子是被排除于女装之外的；第一次世界大战之

后，由于妇女加入了社会，女装便把男装的裤子引用了过来。随着女性外出活动的不断增多，女性逐渐感到穿着裤子的方便性、随意性，因此，更促进了裤子的广泛流行。女裤最初出现时是较为宽大的裤型，后来又演变出各式各样造型的裤子。由于裤子穿着轻便、功能性强，至今是女性生活中不可缺少的服装之一。

一 裤子的分类

裤子的种类名称非常广泛。由于裤子与裙子同属于下装，所以在命名上与裙子非常相似。

按裤子的长度可分为：迷你裤、短裤、齐膝裤、七分裤、八分裤、九分裤、长裤等。

按腰围线的高低可分为：低腰裤、中腰裤、高腰裤、无腰裤等。

按裤子的形态可分为：灯笼裤、马裤、筒裤、喇叭裤、锥形裤等。

二 相关部位测量

裤子相关部位的测量如图2-2-1所示，具体方法说明如下：

（1）裤长：由腰侧部最细处量至脚踝骨处。

（2）腰围：在腰部最细处水平围量一周，应根据需要适当调整松紧度。

（3）腹围：通过腹部最突出部位水平围量一周，根据需要适当调整松紧度。

（4）臀围：在臀部最丰满处水平围量一周，根据款式需要适当调整松紧度。

（5）臀长（腰长）：从腰围线至臀围线的垂直距离。

（6）上裆长：从腰围线至大腿根部的垂直距离。亦可根据计算得出，用裤长（基础值）减去下裆长（基础值）。

（7）下裆长：从臀部下端大腿根部内侧起量至脚踝骨处。

（8）上裆前后长：从前腰开始，顺着前上裆绕过裆底至后上裆，直至后腰。这是制作裤子的重要尺寸，测量时软尺不能拉得过紧或过松。

（9）大腿围：在大腿最粗部位水平围量一周。

（10）膝围：经膝关节中央水平围量一周。

（11）小腿围：在小腿最丰满处水平围量一周。

（12）踝围：在脚踝处水平围量一周，依款式要求适当增减，是获得脚口尺寸的依据。

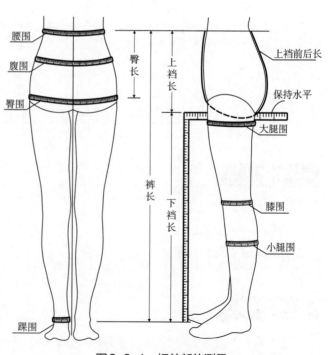

图2-2-1 相关部位测量

裤子基本纸样的各部位名称

了解裤子基本纸样的各部位名称，便于对裤子的结构进行分析，如图2-2-2所示。

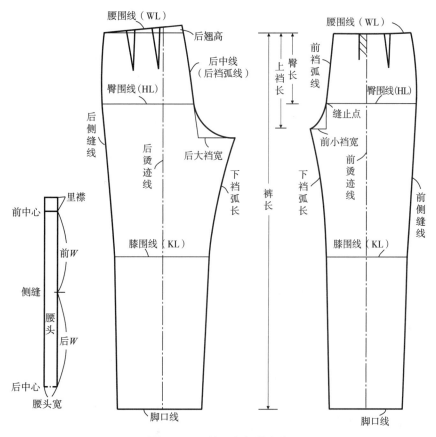

图2-2-2　裤子各部位名称

四 **裤子结构的构成原理**

1. 臀围和腰围的放松量

（1）臀围放松量分析：臀围的放松量直接决定了裤子的合体程度，并影响着裤子的外观造型。一般情况下裤子臀围放松量：合体型裤子为8~10cm；宽松型裤子为14~20cm或更多；紧身型裤子为2~4cm，弹力面料的紧身裤可以不加放松量。

（2）腰围放松量分析：裤子腰围一般不加放松量，但也可以依据款式要求及内套衣服的厚度等因素适当增减放松量。

2. 上裆长的设计

上裆长决定了腰围线和横裆线之间的距离。上裆长的尺寸可以通过实际测量来取得，或者通过计算公式来取得。上裆长的计算公式（不含腰头）：臀围/4，可以依据款式要求适当增减尺寸。上裆尺寸较大时，裤子穿着舒适，但裆部不合体，会影响裤子造型，所以多与宽松款式相搭配；反之，上裆尺寸较小时，适宜紧身造型，穿着合体，能够充分展现出腰、臀部的优美曲线。

3. 前后裆宽的设计 前后裆宽（也称前后窿门宽），它反映了人体臀胯部的厚度。据体型计测显示，前后裆宽约为1.6/10臀围。

前后裆宽在裤片上分为前裆宽和后裆宽，从裤子基本纸样中可以看出，前裆宽小于后裆宽，这是由人体的结构所造成的，如图2-2-3所示。另一个原因是因为人体的活动规律是臀部前屈大于后伸，所以后裆的宽度要增加必要的活动量。另外，臀部尺寸相同的人，由于臀宽和臀厚的不同，其前后裆宽是不一样的，臀部厚而窄的人，裆宽应大一些；臀部薄而宽的人，裆宽应小一些，如图2-2-4所示。因此，前后裆宽的尺寸要合适，裆宽过大，裆部周围起空；裆宽过小，则臀部绷紧。

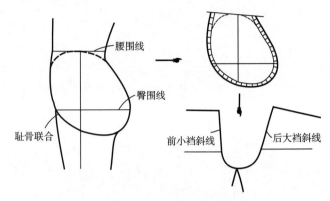

图2-2-3　裤子裆宽的形成

4. 腰省量的确定

（1）腰省的形成：由于人体臀围大于腰围，在腰部会产生余量，为了使裤子合体，必须将腰部余量做收省处理，如图2-2-5所示。腰部收省的原则：前片的收省量小于后片的收省量。这是由臀部的凸度大于腹凸所决定的，同时，要依据不同人体的腰臀差来调整省量的大小及省道的个数。

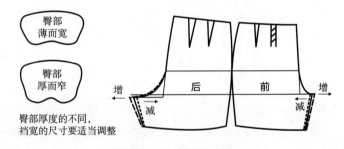

臀部厚度的不同，
裆宽的尺寸要适当调整

图2-2-4　裆宽的调整

（2）前片腰省、侧缝及撇腹的调整：若腰臀差过大时，前片可以分别在腰省、侧缝、撇腹等部位做腰臀差量收进处理。需要指出的是侧缝收进量不宜过大，从而避免因侧缝收拢太急而形成鼓包现象。腰省、侧缝及撇腹的调整方法，如图2-2-6所示。

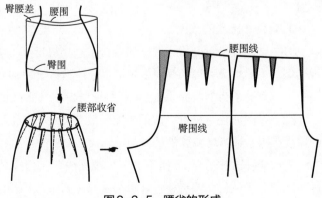

图2-2-5　腰省的形成

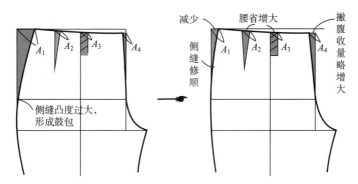

图2-2-6　腰省、侧缝及撇腹的调整

5. 后裆斜线和后翘的设计

（1）后裆斜线的设计：后裆斜线的设计是为了吻合人体体型特征，满足臀大肌凸起与后腰部位形成一定坡度的需要。因而后裆斜线的斜度取决于臀大肌的凸起程度，即臀部凸度越大，其斜度越斜；反之，臀部凸度越小，其斜度也应越小。

（2）后翘的设计：

①臀部造型及人体活动的需要：依据人体腰、臀部的运动特点，其运动大多是向前运动，在人蹲、坐、弯腰时，单靠直裆的长度是不够的，而且人体臀部突出，所以必须加后翘，以增加后裆长度，从而适应人体活动的需要。

②保证腰口线顺直：由于后裆斜线与腰部水平线的角度呈钝角状，导致缝合后的腰线不顺直，为解决这一弊病现象，通过增加后翘使后腰线与后裆斜线呈90°直角，保证后腰口处于同一水平线。

需要强调的是，后翘不能过长，否则人站立时，后腰部会出现多余的皱褶。通常后翘的尺寸，应根据人体体形、服装款式等因素综合考虑，一般以2.5cm左右为宜。后裆斜线与后翘的调整方法，如图2-2-7所示。

6. 前、后裤中线

裤中线也叫烫迹线，它是确定、判断裤子造型和产品质量的重要依据。在中裆线至裤口线的区域内，裤中线两侧的面积应该相等，并且前、后裤中线必须与臀围线、横裆线垂直。裁剪时，前、后裤中线应与面料的经纱方向一致，否则倾斜的裤中线会导致裤腿偏斜，从而产生产品质量问题。

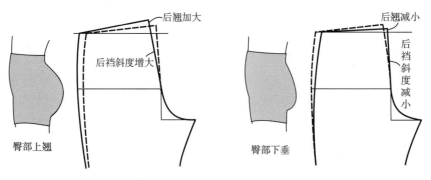

图2-2-7　后裆斜线与后翘的调整

7. 前、后裤口线 裤口的大小与横裆的宽度紧密相关，由于后裤片横裆宽度大于前裤片横裆宽度，为了保证前后内、外侧缝线的平衡，前裤口应小于后裤口，两者相差2~4cm。

💡 **思考及练习**

1. 裤子的测量部位有哪些？
2. 正确掌握裤子各部位结构线名称。
3. 如何进行上裆长的设计？
4. 确定裤裆宽的依据是什么？
5. 确定裤后裆斜线的依据是什么？
6. 裤后翘的作用是什么？

任务二 裤子基本型结构设计

● 任务描述

1. 掌握裤子尺寸规格设置。
2. 掌握女裤基本型结构分析及制图方法。
3. 掌握男裤基本型结构分析及制图方法。

● 任务实施

一 女裤基本型

1. 款式特点 如图2-2-8所示。女裤基本型为直筒裤型，装腰头，裤前身设4个褶裥，裤后身设4个腰省，前门开口装拉链，整体简洁、美观，穿着舒适。

2. 成品规格 在女裤基本型成品规格中涉及裤长、腰围、臀围、裤口等部位的尺寸。参考尺寸可采用国家号型标准表中160/66A的相关数值进行各部位规格设置，具体成品规格如表2-2-1所示。

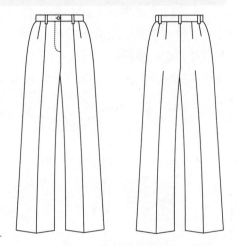

图2-2-8 女裤基本型款式图

表2-2-1 成品规格表　　单位：cm

号型	部位	裤长	腰围（W）	臀围（H）	裤口宽
160/66A	规格	100	68	98	20

3. 女裤基本型结构图绘制　　如图2-2-9所示。在制图时为避免遗漏基本线，提高制图精准度，原则上可采用先画纵线后画横线的方法进行绘制。

（1）裤前片的绘制：

裤前片基础线的绘制：

①作上、下平线：在适当位置确定出上平线，从上平线向下量取裤长 -4cm，绘制下平线。

②上档线：上档公式为 H/4，从上平线向下量取作上平线的平行线。

③臀围线：将上档分为3等份，在三分之二处作上平线的平行线。

④膝围线：取下档尺寸的中点向上4cm作上平线的平行线。

⑤侧缝基础线：作上平线的垂线，交于上档线（实裁时距布边2cm）。

⑥臀围大线：公式为 H/4-1cm（前、后片调节量），作侧缝线的平行线，交于上平线、上档线。

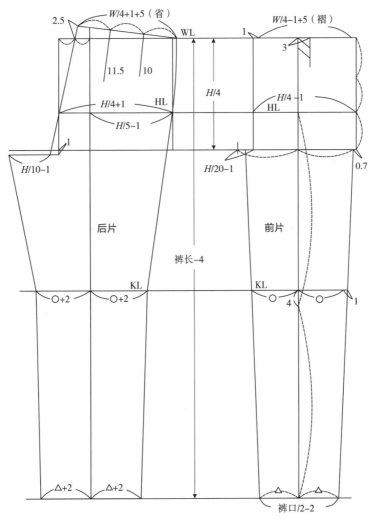

图2-2-9

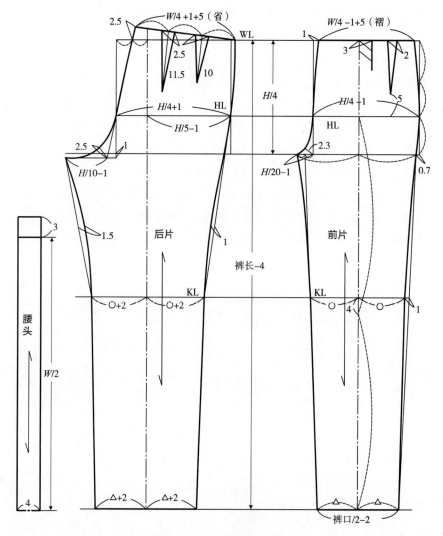

图2-2-9 女裤结构图

⑦小裆宽线：以前臀围线与上裆线的交点为起点，在上裆延长线上量取H/20-1cm。

⑧烫迹线：在上裆线上确定。取侧缝基础线内进0.7cm至小裆宽线间距的中点，作侧缝基础线的平行线，交于上平线、下平线。

⑨裤口宽：在下平线上确定。以烫迹线为中轴，向两侧分别量取裤口宽/2-1cm，用符号"△"表示。

⑩膝围宽：将上裆线内进0.7cm点与裤口宽点作直线连接，在膝围线处生成的交点内进1cm，量取此点到烫迹线的距离用符号"○"表示，在烫迹线两侧分别量取确定。

⑪腰围宽：在上平线上确定。以臀围大线与上平线的交点内进1cm为起点，量取W/4-1cm（调节量）+5cm（褶量）。

裤前片轮廓线的绘制：

①侧缝线：过裤口宽点、膝围宽点、臀围宽点、腰围大点作连线并画顺。

②下裆线：过裤口宽点、膝围宽点、小裆宽点作连线并画顺。

③小裆弧线：过小裆宽点、臀围大点、腰围线起点做弧线并画顺。

④省位：在上平线上确定。烫迹线至腰围线中点，省大2cm，省长距臀围大线5cm。

⑤褶裥：在上平线上确定。以烫迹线为准，褶裥大3cm。

（2）裤后片的绘制：

裤后片基础线的绘制：

①引线：按前裤片引出上平线、臀围线、上裆线、膝围线、下平线。

②落裆线：距上裆线向下1cm作其平行线。

③臀围大线：H/4+1cm（前、后片调节量），作侧缝线的平行线，交于上平线、上裆线。

④烫迹线：在臀围大线上确定，公式为H/5-1cm。取侧缝基础线内进0.7cm作侧缝基础线的平行线，交于上平线、下平线。

⑤后裆斜线：起点为烫迹线与臀围大线的中点，通过臀围大线与臀围线的交点，作直线至落裆线。

⑥腰围宽：从后翘点（后翘高2.5cm）为起点，取W/4+1cm（调节量）+5cm（褶量）作斜线至上平线。

⑦大裆宽：在落裆线上确定。从后裆斜线与落裆线的交点向后量取H/10-1cm。

⑧膝围宽：以烫迹线为中轴，向两侧分别量取○+2cm。

⑨裤口宽：以烫迹线为中轴，向两侧分别量取△+2cm。

裤后片轮廓线的绘制：

①侧缝线：过裤口宽点、膝围宽点、臀围宽点、腰围大点作连线并画顺。

②下裆线：过裤口宽点、膝围宽点、大裆宽点作连线并画顺。

③大裆弧线：过大裆宽点、臀围大点至后翘点作弧线并画顺。

④省位：在后腰线上确定。将后腰大分为三等份，等分点为省位，省大2.5cm，省长分别为11.5cm、10cm。

二 男裤基本型

1. 款式特点　如图2-2-10所示。直筒裤型，装腰头，前门开口装拉链，斜插袋，前身4个褶裥；后身设4个腰省，两个双嵌线挖袋，给人以潇洒稳重之感。

2. 规格尺寸　成品规格如表2-2-2所示。

表2-2-2　成品规格表　　　　单位：cm

号型	部位	裤长	腰围（W）	臀围（H）	裤口宽
160/66A	规格	102	76	102	23

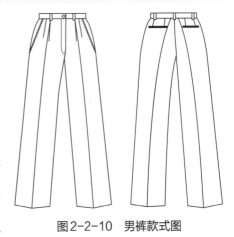

图2-2-10　男裤款式图

3. 男裤结构图绘制 绘制方法如图2-2-11所示。

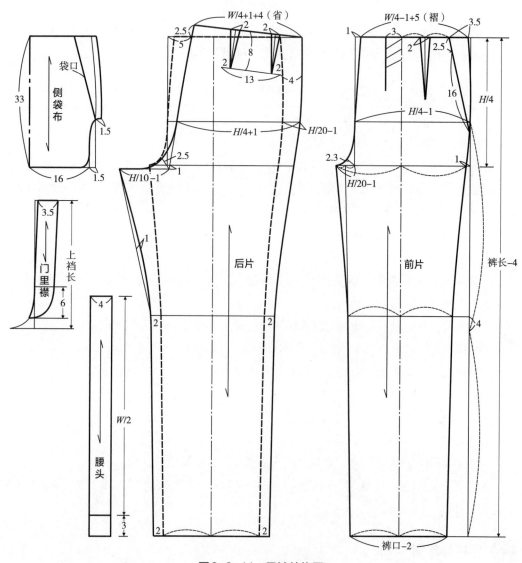

图2-2-11 男裤结构图

💡 **思考及练习**

1. 独立完成女裤基本型的绘制。

2. 独立完成男裤基本型的绘制。

任务三 各类裤子样板设计

• 任务描述

1. 掌握筒裤尺寸规格设置及结构样板的绘制。
2. 掌握锥裤尺寸规格设置及结构样板的绘制。
3. 掌握喇叭裤尺寸规格设置及结构样板的绘制。
4. 掌握裙裤尺寸规格设置及结构样板的绘制。

• 任务实施

裤子外轮廓造型的基本形式有四种：长方形（筒型裤）、梯形（喇叭裤）、倒梯形（锥型裤）、菱形（马裤）。其各自的结构特点都是由造型决定的，同时还可以通过腰位的高低、褶形及分割等的结构处理，使裤子的款式变化万千。

一　筒型裤

筒型裤又称西裤，它是男、女裤中最常见而又实用的造型，适合与西装、衬衫、夹克等类型的上装搭配，款式图、结构图参见男、女裤基本型。

二　锥型裤

1. 款式特点　如图2-2-12所示。锥型裤的廓型呈倒梯形，臀围宽松，脚口窄小，前身腰部设有6个褶裥，褶量在臀围处消失，后身腰部设有4个省，剑式串带襻。

2. 锥型裤结构分析

（1）臀围松量的确定：为达到宽松的臀围效果，与窄小的裤口形成反差，需加大臀围的放松量，可在净体尺寸的基础上加放20cm以上。

（2）裤口尺寸的设置：为确保锥型裤穿脱方便，裤口可取15~16cm，在结构上可以用切展法完成。

（3）上裆的确定：在考虑功能性的基础上还需要考虑锥型裤造型，因此取值不宜过大，可利用公式$H/4+1cm$确定上裆。

（4）大、小裆宽的确定：由于前裤片臀围加放量较大，小裆宽的取值需作适当的加放，直接给出定数6cm即可；大裆宽的取值也需与裤后片臀围相匹配，为确保臀部造型美观，可确定为9cm。

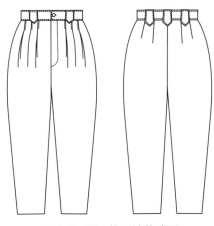

图2-2-12　锥型裤款式图

3. 锥型裤结构图绘制 结构图绘制方法如图2-2-13所示。

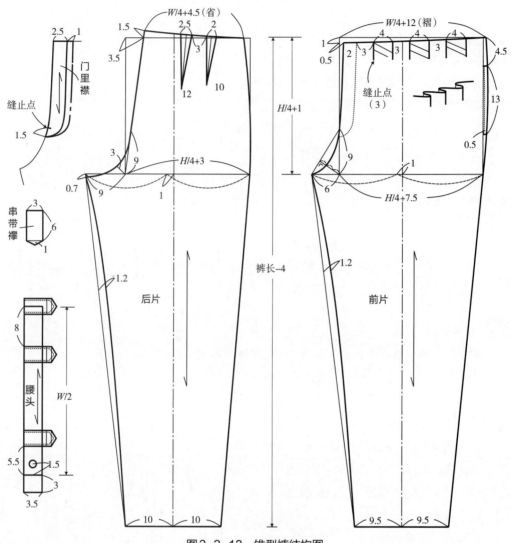

图2-2-13 锥型裤结构图

三 喇叭裤

1. 款式特点 如图2-2-14所示。喇叭裤的造型是梯形，臀部造型丰满，膝部合体，裤口宽度增加，裤长至脚面。

2. 喇叭裤结构分析

（1）臀围松量的确定：喇叭裤臀部收紧，松量不宜过大，成品规格可在净体尺寸的基础上加放4~6cm。

（2）腰围线、腰省的确定：

①喇叭裤为低腰造型，可采用$H/4$确定上裆线，再从上平线向下截取2~3cm来确定腰围线。

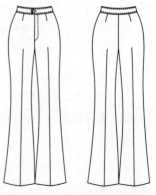

图2-2-14 喇叭裤款式图

②低腰造型导致腰围尺寸增大，与臀围差值减小，可设置一个腰省，将臀腰差值分别分配在侧缝、腰省、前腹及后裆斜线中。注意腰头也需作省的拼合转换。

3.喇叭裤结构图绘制　结构图绘制方法如图2-2-15所示。

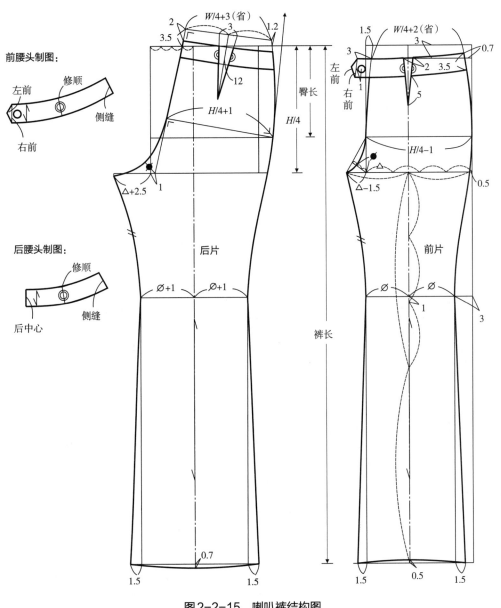

图2-2-15　喇叭裤结构图

四　牛仔裤

1.款式特点　如图2-2-16所示。牛仔裤是特指用牛仔布制作的裤子，腰部和臀部非常贴体，充分展示出形体美；前片设有插袋，后片设有腰部育克和两个贴袋；整条裤子均采用牛仔线缉明线装饰。

2.牛仔裤结构分析

（1）臀围、上裆的确定：牛仔裤臀部结构如喇叭裤型，臀围尺寸设置可在净体尺寸的基础上加放 4~6cm；上裆可采用 $H/4$ 来确定。

（2）腰围线、腰省的确定：牛仔裤为低腰造型，可从上平线向下截取 2~3cm 来确定腰围线；前片腰省省量小，可在插袋处通过工艺缝合将省量转换；后腰省通过作分割、拼合处理，形成新的后翘；为保证腰头贴体，需在腰头前端加入 4~5cm 翘势。

3.牛仔裤结构图绘制

结构图绘制方法如图 2-2-17 所示。

图 2-2-16 牛仔裤款式图

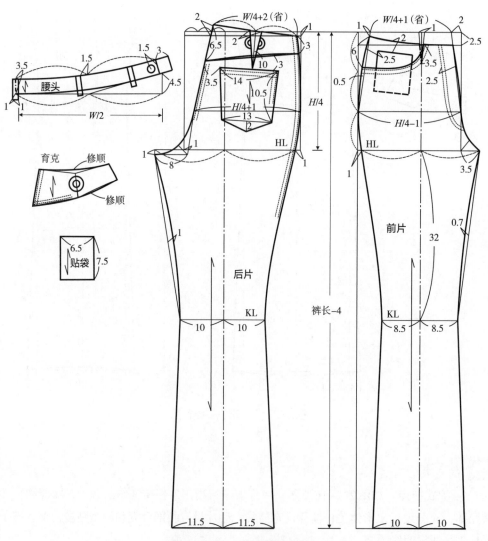

图 2-2-17 牛仔裤结构图

五 裙裤

1. 款式特点 如图2-2-18所示。裙裤是裙子与裤子的结合体，它在外形上给人以裙子的感觉，但在结构上却保留着裤子的横裆结构。

2. 裙裤结构分析

（1）前裆宽的确定：在绘制裙裤结构时，由于要使外形看似裙子，上裆长需适当加大，同时还需加大前裆宽的尺寸，通常比后裆宽少1~2cm。

图2-2-18　裙裤款式图

（2）后裆斜线、腰线的确定：

①后裆斜线的确定：臀围线与上平线交点收进2cm，作直线与臀长线相连即可。

②腰线的确定：腰线采用裙子的结构绘制方法，在前、后裆斜线与上平线交点下移1cm，以$W/4+$省大作弧线至侧缝处的上平线。

3. 裙裤结构图绘制 结构图绘制方法如图2-2-19所示。

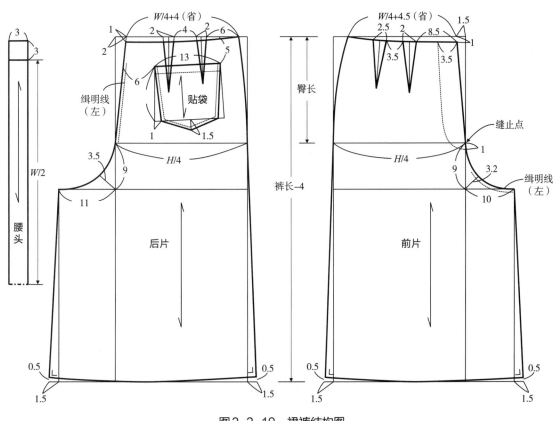

图2-2-19　裙裤结构图

思考及练习

1. 男、女筒裤的尺寸规格设置及样板绘制。

2. 牛仔裤的尺寸规格设置及样板绘制。

3. 裙裤的尺寸规格设置及样板绘制。

项目三

上装结构设计原理与样板

模块一 衣身结构设计原理与样板

● 教学目标

终极目标：理解衣身结构技术原理，独立完成男、女衣身基本型的结构制板。

促成目标：

1. 掌握衣身结构设计原理。

2. 掌握上装测量技术及尺寸规格设置。

3. 掌握男、女上装结构样板的绘制。

4. 掌握男、女上装常规款式结构变化技术。

● 教学任务

1. 完成男、女上装相关部位尺寸测量。

2. 依据服装号型标准设置上装规格尺寸。

3. 利用服装制图符号及部位代码，完成上装结构样板的绘制。

4. 依据上装结构设计原理完成常规款式样板的结构绘制。

任务一 衣身分类与测量

● 任务描述

1. 了解衣身的分类。

2. 掌握衣身的测量部位。

3. 掌握衣身各部位线条的名称。

衣身包覆人体的肩、胸、背、腰、腹、臀等部位，并可延长至腿部，是服装整体最重要的组成部分，也是服装结构设计中研究的重点。

衣身结构的变化非常丰富，既可以长短、宽窄变化，又可以分割、拼接变化。衣身结构不仅要符合人体上身各部位形态和运动的要求，而且要与款式造型相一致。

一　衣身分类

服装造型依靠人体体形来支撑，服装型体与人体体形不尽相同，可以适应人体体形（称为紧体服装），亦可大于人体体形（称为松体服装）。

服装型体的基本型概括起来大体有四种：H型、A型、V型、X型。

H型的特点：直身、直筒、不束腰。

A型的特点：上小下大呈三角形。

V型的特点：上大下小，呈倒三角形。

X型的特点：吸腰，两头大、中间小。

总之，无论哪种形式，都必须要适应人体体形，并且在此基础上加以夸张、概括，形成松体和紧体变化。

服装款式的结构设计要合理，需遵循合体、舒适、美观的基本原则。所谓合体：指不论宽松型服装还是紧身型服装，都要适应人体尺寸的需要。所谓舒适：指服装穿着后，人体没有负重感、紧绷感；所谓美观：指服装结构经周密安排后，合体舒适而显示出美的体形和美的比例，达到着装美的效果。

二　人体测量

人体测量是取得服装规格的主要来源之一，是服装结构制图的直接依据。

1. 测体工具

软尺：测量的主要工具，要求质地柔韧、刻度清晰、稳定不缩。

腰节带：围绕腰部最细处，为测量腰节所用（可用软尺和布带或粗、细绳代之）。

2. 人体测量要求

（1）测体一般是测量净体尺寸，即用软尺贴附于静态的体表（仅穿内衣），测得的尺寸即为净尺寸。

（2）测量时，被测者应摆正姿势，呼吸自然，手臂自然下垂。

（3）测量者应站在被测者一侧，从前向后测量。测量围度时，皮尺伸进一手指，以能自由转动为宜。

（4）测量过程中，动作应连贯，并准确记录下测量数据。

3. 主要部位的测量方法　如图3-1-1所示。

（1）衣长：前衣长由右颈肩点（SNP）通过胸部最高点（BP），向下量至衣服所需长

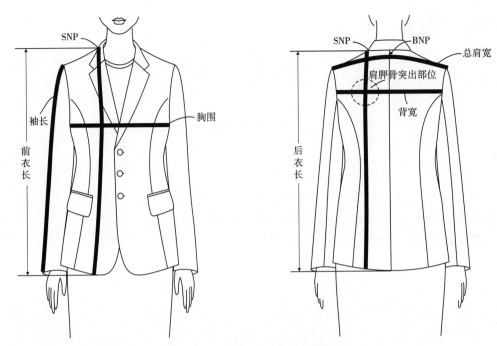

图3-1-1　衣身主要部位测量方法

度；后衣长由后左颈肩点（SNP）通过背部最高点，向下量至衣服所需长度。

（2）胸围：在自然呼吸的状态下，在腋下沿胸部最丰满处水平围量一周，根据需要适当加放松紧度（以伸进一手指能够转动为宜）。

（3）腰围：在腰部最细处水平围量一周。此围度只是基础，根据需要适当调整紧度，松度同上。

（4）颈围：围量脖颈一周（需通过FNP点、左右SNP点、BNP点）。

（5）总肩宽：从后背左肩骨外端点，量至右肩骨外端点。

（6）袖长：手臂自然下垂时，自肩骨外端点经肘关节至腕之间的距离。量取时，皮尺要轻贴人体，略加松度。

（7）背长：自背部颈围后中点至腰围线之间的长度。量取时，皮尺要轻贴人体，略加松度。

（8）腰节长：前腰节长由右颈肩点通过胸部最高点（BP）量至腰间最细处；后腰节长由后领中点量至腰间最细处。

（9）胸高（乳高）：由右颈肩点量至乳峰点。

（10）乳距：两乳峰间的距离。

三　衣身各部位线条名称

人体是复杂的曲面体，其曲面在不同部位有不同的形态，而服装则是对人体的"包装"，我们将立体的服装展成平面，就得到服装裁片的结构图。衣身各部位的线条及名称如图3-1-2所示。

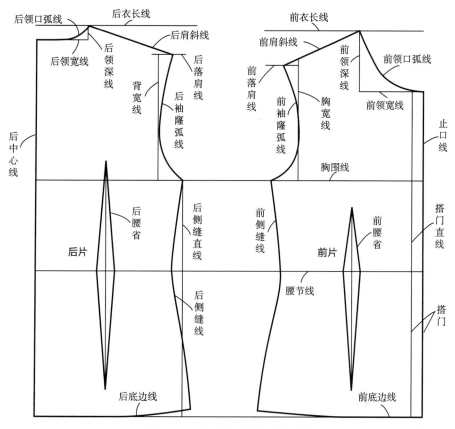

图3-1-2 衣身各部位线条及名称

💡 **思考及练习**

1. 衣身结构的分类有哪些？分别有何特点？

2. 衣身测量部位有哪些？测量时需注意什么？

3. 以图例形式标注衣身各部位的结构线名称。

🔄 任务二　衣身基本型与结构分析

● 任务描述

1. 掌握女装衣身基本型制图步骤及方法。

2. 掌握男装衣身基本型制图步骤及方法。

3. 掌握衣身结构设计相关原理。

一 **女装衣身基本型制图**

所谓基本型亦称为原型，源于立体造型的平面展开，是服装款式变化中的间接过渡纸样。原型本身不代表任何一种款式服装，是最简单的服装结构样板，由于它变化灵活、应用广泛，规格数据适合中国人体型特征，而备受人们的喜爱。目前国内大家比较认可的基本型多源于日本文化式原型，本书提供了新、老原型结构制图，供大家参考。

1. 制图规格　女装衣身原型基样的结构是腰围以上的躯干部分，所以它只需以胸围、背长尺寸为依据即可。衣身原型基样制图规格如表3-1-1所示。

表3-1-1　女装衣身原型基样制图规格　　　　　　　　　　　　　单位：cm

部位	净胸围	背长
尺寸	84	38

2. 女装衣身原型制图步骤及方法

（1）绘制基础线：女装衣身原型基础线的绘制方法如图3-1-3所示。

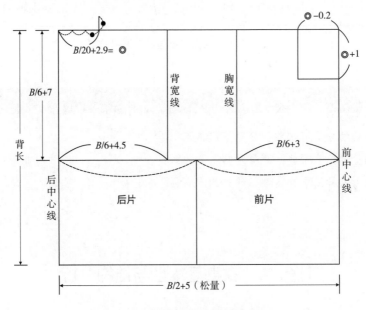

图3-1-3　女装衣身原型基础线

①作长方形：长=$B/2+5$cm（放松量），宽=背长=38cm；画长方形，上边为上平线，下边为下平线，右边为前中心线，左边为后中心线。

②长方形分割：从上向下取$B/6+7$cm作水平线分别交于前、后中心线。

③胸宽线：从右至左取$B/6+3$cm作纵向分割。

④背宽线：从左至右取 $B/6+4.5\text{cm}$ 作纵向分割。

⑤后领宽、后领口深：从后中心线向右取 $B/20+2.9\text{cm}$ 为后领宽，用"◎"表示。从后领宽点向上取◎ $/3=$ ●为后领口深。

⑥前领宽：由前中心线向左量取◎ -0.2cm。

⑦前领口深：由前中心线与上平线的交点垂直向下量取◎ $+1\text{cm}$。

（2）绘制轮廓线：女装衣身原型轮廓线的绘制方法如图3-1-4所示。

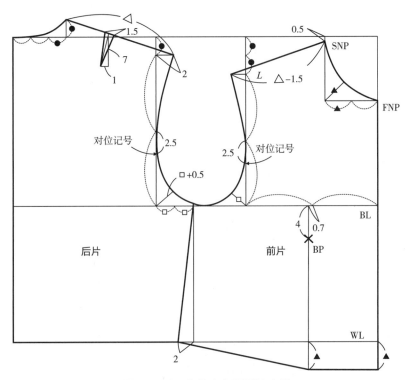

图3-1-4　女装衣身原型轮廓线

①后领口弧线：从后中心点起经后领宽的2/3点顺势画弧连至后SNP点。

②后肩斜线：由上平线与后背宽线交点垂直向下量取1个●距离为落肩点，并水平外量2cm为后SP点，连接后SNP点至后SP点间的距离为后小肩宽，用△表示，在小肩宽上取肩省量为1.5cm。

③前领口弧线：由前领宽线与上平线的交点向下量取0.5cm为前SNP点，前SNP点按图示顺势画弧至FNP点。

④前肩斜线：由上平线与前胸宽线交点垂直向下量取2个●距离交胸宽线为 L 点，以SNP点为基点，量取△ -1.5cm 交于 L 点所作的垂线为前SP点。

⑤袖窿弧线：按图示取点，顺势画弧完成袖窿弧线。

⑥BP点：前胸宽/2偏左0.7cm取点，过此点垂直向下取4cm为BP点。

⑦胸高量、腰线、侧缝线：沿前中心线与WL线交点向下延长前领宽/2为胸高量，由此点向左作水平线与BP点垂线相交。从腰围辅助线与前、后片分界线的交点向左2cm确定

一点，连接新的腰线和侧缝线。

3. 文化式成年女子衣身新原型

（1）制图规格：如表3-1-1所示。

（2）绘制衣身基础线：如图3-1-5所示。

①后中心线：在适当位置取背长作为后中心线，起点为后衣身上平线。

②腰围线（WL）：在背长终点作后中心线的垂线。

③前中心线：在WL上取$B/2+6$cm长，作后中心线的平行线。

④袖窿深线（BL）：从背长线起点处向下量取$B/12+13.7$cm，平行于腰围线。

⑤背宽线：背宽的取值公式为$B/8+7.4$cm，作后中心线的平行线，交于后衣身上平线和BL线。

⑥后肩省的引导线：背长起点向下量取8cm，作水平线交于背宽线，取背宽/2向背宽线一侧移1cm。

⑦前衣身上平线：从前中心线与BL交点向上量取$B/5+8.3$cm，作水平线。

⑧胸宽线：取值公式为$B/8+6.2$cm，作前中心线的平行线，交于前衣身上平线和BL线。

⑨BP点：取胸宽线/2向左移0.7cm。

⑩侧缝线：在BL与胸宽线交点向左量取$B/32$，以此点将窿门宽分成两份，取中点作纵向平行线至WL。

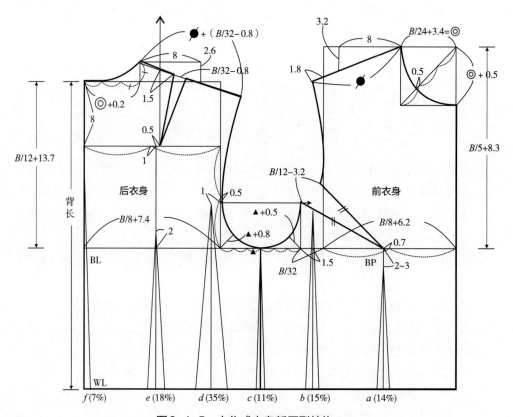

图3-1-5　文化式衣身新原型结构

（3）绘制衣身轮廓线：

①前领围线：前领宽公式为 $B/24+3.4\text{cm}$，用◎表示；前领深为◎ $+0.5\text{cm}$；将对角线分为三等份，在1/3处向下0.5cm作向导点，画顺前领围线。

②前小肩斜线：从前颈肩点（SNP）向左水平量取8cm，并垂直向下3.2cm，为落肩引导点。将SNP点与落肩引导点连线并延长至胸宽线外1.8cm，绘制前小肩斜线。

③确定胸省：将背宽横线至BL分成两等份并下移0.5cm作水平线，沿BL与前胸宽线交点向左量取 $B/32$ 作纵线，纵横两线的交点为胸省引导点，省大采用 $B/12-3.2\text{cm}$ 获得；将胸宽分成两等份并向左移0.7cm为省尖位置，在BL上确定。

④后领围线：后领宽为◎ $+0.2\text{cm}$，分为三等份，取其中一份为后领深，从后水平线垂直向上获得后领深，画顺后领围线。

⑤后小肩斜线：从后颈肩点（SNP）向右水平量取8cm，并垂直向下2.6cm，为落肩引导点，将SNP点与落肩引导点连线并延长，长度为前小肩斜线长+肩省量（ $B/32-0.8\text{cm}$ ）。

⑥后肩省：省尖位置确定在背宽横线/2向右0.5cm处，作纵向引导线交于后小肩斜线，并向右移1.5cm为肩省位置，省大为 $B/32-0.8\text{cm}$，肩省左右相等。

⑦确定腰省：腰省总量为 $B/2-W/2+3\text{cm}$，省道用字母 a、b、c、d、e、f 表示，依次分别占总省量的百分比为14%、15%、11%、35%、18%、7%。

⑧袖窿弧线：按图示取点，顺势画弧完成袖窿弧线。

二　男装衣身基本型制图

男子衣身原型分为两种基型，一种是上衣原型，可应用于西装、套装、制服等合体、塑型的款式；另一种是衬衣原型，主要应用于衬衣、休闲装等宽松、舒适的款式。男子服装一般是左身在上（左压右），因此通常画左半身原型。

1. 男装上衣原型

（1）制图规格：根据号型170/88A的胸围、背长尺寸，男装衣身原型基样制图规格如表3-1-2所示。

表3-1-2　男装衣身原型基样制图规格　　　　　　　　　　　　　　单位：cm

部位	净胸围	背长
尺寸	88	42.5

（2）绘制基础线：制图步骤及方法如图3-1-6所示。

①作长方形：长 $=B/2+$（8~10）cm（放松量），宽=背长=42.5cm；画长方形，左边为前中心线，右边为后中心线。

②分割长方形：从上向下取 $B/6+7.5\text{cm}$ 作水平线分别与前、后中心线相交。

③胸宽线：从左至右取 $B/6+4\text{cm}$ 作纵向分割。

④背宽线：从右至左取 $B/6+4.5\text{cm}$ 作纵向分割。

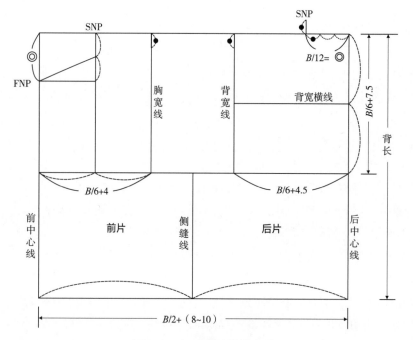

图3-1-6　男装衣身基础线

⑤后横开领：从后中心线向左取$B/12$为后横开领，用◎表示。从后领宽点向上取◎$/3=$●为后领口深。

⑥前横开领：在前胸宽$/2$的位置上，比较适合西装的横开领。

⑦前领口深：由前中心线垂直向下量取◎。

（3）绘制轮廓线：制图步骤及方法如图3-1-7所示。

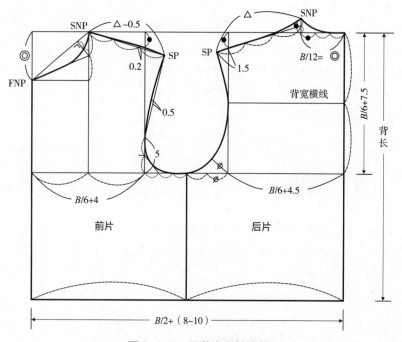

图3-1-7　男装衣身轮廓线

①后领口弧线：从后中心点起经后领宽的2/3点顺势画弧连至后SNP点。

②后肩斜线：由上平线与后背宽线交点垂直向下量取1个●距离为引导点，以后SNP点为起点，向引导点作斜线，并延长1.5cm为后SP点，SNP点至SP点的斜线距离为后肩斜线长，用△表示。

③前领口弧线：由前SNP点按图示顺势画弧至FNP点为前领口弧线。

④前肩斜线：由上平线与前胸宽线交点垂直向下量取1个●距离为引导点，连接SNP点和引导点并延长，量取△-0.5cm距离为前小肩宽，按图示画出前肩线。

⑤袖窿弧线：按图示取点，顺势画弧完成袖窿弧线。

2.男装衬衣原型 男装衬衣原型包括衣身原型和袖原型，衬衣原型可以用直接制图的方式制作，如图3-1-8所示。

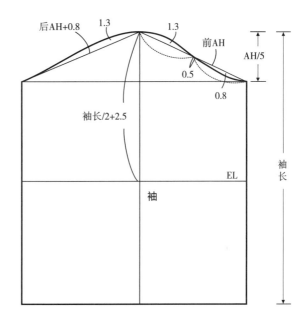

三 衣身结构分析

1.衣身放松量的分析 人体是一个复杂、运动着的立体，衣身穿在人身上要舒适、美观并利于活动。不同季节和场合穿着的服装要考虑穿衣层数及人呼吸和运动的需要，因此，服装要在人体净胸围的基础上增加一定的放松量，以满足各种服装的功能性需要。

（1）服装胸围放松量的取值：被测量者自然站立、正常呼吸的情况下，量得人体净胸围是84cm，如果被测量者做深呼吸，胸部会扩张2~4cm。因此，衣身胸围放松量的最小值按3cm加进。

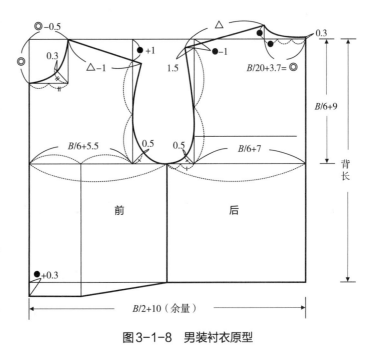

图3-1-8 男装衬衣原型

人体胸围不仅要加进呼吸量，同时还要考虑内外层的关系，加进一定放松量。这个量的数值按人体围度与服装围度之间的距离计算，最外层服装距人体净胸围的厚度来源于服装的厚度及各服装之间的空隙量。

服装放松量可以用公式表示：衣服层量＋空隙量＋人体胸部扩张量（2~4cm）。因此，正装的基础放松量为8~10cm。

（2）衣身放松量的分类及取值：服装有多种分类方法，按长短可分为长款、中长款、中款、短款等；按用途可分为运动装、职业装、生活装等；按季节可分为春秋装、夏装、冬装等；按不同放松量可分类如下：

①负紧身类：指胸围放松量在–8~0cm之间，多为针织类服装。

②紧身类：指胸围放松量在2~6cm之间，包括旗袍、牛仔服等。

③适体类：指胸围放松量在8~10cm之间，包括职业装、西装等。

④较宽松类：指胸围放松量在12~16cm之间，包括休闲装、衬衫等。

⑤宽松类：指胸围放松量在18~24cm之间，包括大衣、风衣、夹克等。

⑥特宽松类：指胸围放松量在26~40cm之间的各类上装。

2. 衣身主要部位分析

（1）肩部造型：肩部是衣服的主要支撑点，因而肩斜线的正确与否，对服装的影响极大。

落肩是确定肩斜度的一个重要因素，由于人体肩胛骨突出、锁骨弯曲，形成肩部两端向前微弯的形状，因而前衣片的肩斜度应略大于后衣片的肩斜度，通常前肩斜度比后肩斜度大2°左右，即后衣片落肩要比前衣片落肩略小，后肩斜线要比前肩斜线长0.3~0.6cm。经缝合后，前肩略紧，后肩略松，穿着后才能符合肩部略向前弯曲的特点。

根据男、女体型特征的不同，男性肩部宽而平，倾斜度约为19°；女性肩窄而溜，倾斜度约为20°。

另外，垫肩的厚度也会对落肩的大小产生影响，根据垫肩厚度的不同，要适当减少落肩数值。

（2）前、后冲肩的取值：

①冲肩量：肩端点至胸、背宽线的垂直距离。

②前、后冲肩的取值：前、后冲肩值的大小随着体型和服装款式而进行变化，根据人体体型特征及服装造型的要求，通常前冲肩值大于后冲肩值。

合体服装的前冲肩值一般为2.5~4.5cm，后冲肩值为1.5~2.5cm；宽肩的服装前冲肩值一般为2~2.5cm，后冲肩值为1.5~2cm，如图3-1-9所示。

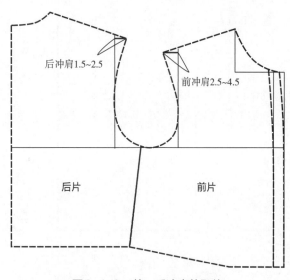

后冲肩1.5~2.5

前冲肩2.5~4.5

后片　　前片

图3-1-9　前、后冲肩的取值

（3）袖窿深、袖窿凹势的取值：衣片袖窿深的取值，可根据人体手臂根部的垂直高度加上落肩，再加适当放松度而定，服装款式的不同，加放量也应有所调整，如大衣就要比上衣多加放一些。一般上衣前衣片袖窿深应控制在 $B/6+5$cm 左右，女装有省道的，要根据省道另行加放，使收省后袖窿弧长基本保持不变。

前、后衣片袖窿凹势的确定一般可分为合体服装与宽松服装两种情况，如图3-1-10所示。

合体服装：后腋凹势 2.7~3cm；前腋凹势 2.3~2.5cm。

宽松服装：后腋凹势 3~3.5cm；前腋凹势 2.5~3cm。

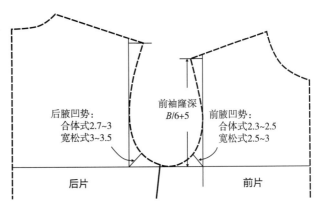

图3-1-10　袖窿深、袖窿凹势的取值

（后腋凹势：合体式2.7~3 宽松式3~3.5　前袖窿深 $B/6+5$　前腋凹势：合体式2.3~2.5 宽松式2.5~3　后片　前片）

（4）前胸宽、后背宽与窿门宽的设计：人体胸围的尺寸组成包括前胸宽、后背宽和袖窿宽。由此可见，前胸宽、后背宽所分配数值的大小直接影响着袖窿门的宽窄，它们三者之间相互影响、相互制约。

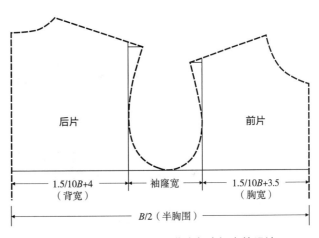

图3-1-11　前胸宽、后背宽与窿门宽的设计

（后片　前片　1.5/10B+4（背宽）　袖窿宽　1.5/10B+3.5（胸宽）　$B/2$（半胸围））

胸宽、背宽与胸围有着一定的比例关系，一般按胸围的百分比进行计算。通常衣身基型胸宽按 1.5/10B+3.5cm（调节数），背宽按 1.5/10B+4cm（调节数），调节数的多少与服装的合体程度有关，如图3-1-11所示。

此外，胸、背宽所采用的数值还应考虑人体体型及服装款式的变化要求。人体除正常体型外，还有圆胖体、扁平体、驼背体、挺胸体之分。不同的体型特征，其胸、背及窿门宽的变化不同。在相同胸围规格尺寸下，上述四种体型相比较，胸、背及窿门宽会产生如下变化：

①圆胖体：体型较浑厚，由于窿门宽尺寸增大，其胸宽及背宽尺寸相对减小。

②扁平体：体型较扁薄，由于窿门宽尺寸减小，其胸宽及背宽尺寸相对增大。

③驼背体：由于背宽较大，整个窿门需前移，致使胸宽尺寸相对减小。

④挺胸体：由于胸宽较大，整个窿门需后移，致使背宽尺寸相对减小。

（5）撇胸的确定：撇胸亦称撇门，指前衣片领口在前中心线处去掉的部分。由于人体体型胸坡度的存在，撇胸对于合体服装非常重要，如图3-1-12所示。

项目三　上装结构设计原理与样板

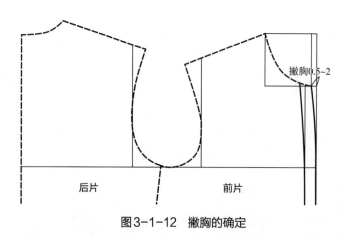

撇胸0.5~2

后片　　　　　　　　前片

图3-1-12　撇胸的确定

①男性撇胸：由于男、女体型的差异，撇胸量也有所变化。一般男性合体类服装，前中心线处需要加撇胸，如西装、中山装等，撇胸量为1.5~2cm。

②女性撇胸：女式服装的款式变化非常丰富，撇胸量的处理方法也多种多样。如可以通过收肩省、领省、袖窿省等方法达到适身合体的目的；也可以同时通过撇胸和收省的方法，将胸高量分两个部分解决，这样使胸部造型看起来更为自然、柔和。

思考及练习

1. 熟练绘制女装上衣原型并牢记各部位尺寸及公式。

2. 熟练绘制男装上衣原型并牢记各部位尺寸及公式。

3. 熟练绘制男装衬衣原型并牢记各部位尺寸及公式。

4. 不同身型的服装放松量应怎样确定？

5. 落肩的确定受哪些因素的影响？

6. 什么叫冲肩？男、女冲肩值如何确定？

7. 袖窿深、袖窿凹势的取值如何确定？

8. 简述前胸宽、后背宽与窿门宽的确定方法。

9. 如何调整不同体型胸、背宽及窿门宽？

10. 撇胸的确定受哪些因素影响？

任务三　衣身变化

• 任务描述

1. 掌握省的形成及移位方法。

2. 掌握省转褶、省转结构线的步骤及方法。

3. 掌握口袋、门襟及纽位的变化。

衣身的款式变化丰富多彩，在衣身的款式变化中，省道起着关键的作用，省是衣身中不可缺少的结构处理手法，省的位置、数量、形状的不同直接影响着服装的款式结构，因此，"省"的灵活运用是服装结构设计的重点所在。下面主要以女装为例，阐述一下省道在衣身结构中的作用。

一 省的形成与设计

1. **省的形成** 省是服装中不可缺少的一部分，它对服装的结构处理尤为重要。人体是一个复杂的立体形，我们要将平面的布料制成适应于人体起伏变化的立体服装，就必须将多余的面料叠起，这样就形成了省，如图3-1-13所示。

2. **衣身省位设计** 上装中的省位设计以BP点为中心向周围扩散，省的方向改变，服装款式也随之改变，但功能没有改变，都是为解决女性胸部的突起。由于省道所在位置的不同，所设计的省量大小、长短也各有不同。如图3-1-14所示，衣身各部位省道的名称是根据它在服装上的位置而确定的。

女装的胸省是解决女性胸部突起所用省道的总称。

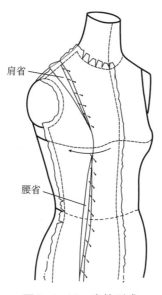

图3-1-13 省的形成

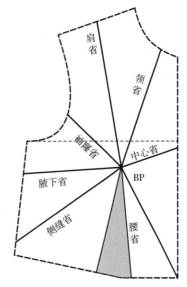

图3-1-14 衣身省位设计

二 省道移位的基本方法

省道的移位，指一个省道可以被转移到同一衣片上的任何其他部位，而省的总量保持不变。胸省移位的基本方法主要有旋转法和折叠法两种。下面以肩省为例来说明这两种方法。

1. **旋转移动法** 通过移动基型使原省还原，同时建立新省的方法。例如：将原型中预留在腰部的胸高量转换到肩部，做一下省道的转换处理，方法如图3-1-15所示。

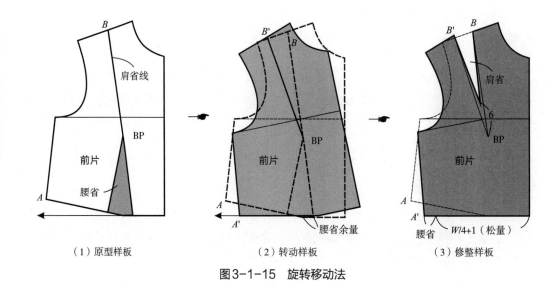

（1）原型样板　　　　　　　（2）转动样板　　　　　　　（3）修整样板

图3-1-15　旋转移动法

（1）拓出前身原型，同时水平延长腰围线。

（2）将原型叠放在所画的原型线上，使之完全重合。

（3）按住BP点，并以BP点为圆心，逆时针旋转原型，使原型中的A点达到水平线上的A'点。这时B点也移动到了B'点，B与B'两点之间的量即为新省的量。

　　2. 剪开折叠法　将基型纸样的新省位剪开，将原省量折叠，使剪开的部位展开，展开量的大小即是新的省量，以肩省为例，方法如图3-1-16所示。

（1）设置剪开线：在肩缝线上取一点B，将B点与BP点连线，并剪开连线至BP点。

（2）折叠转换：折叠腰省直到腰围线达到水平线为止，这时剪开线B点的部分就展开了，展开的部分B'就变成了新的肩省量。

（3）修整样板：将转换的样板轮廓及肩省进行修整，注意肩省省尖的确定位置。

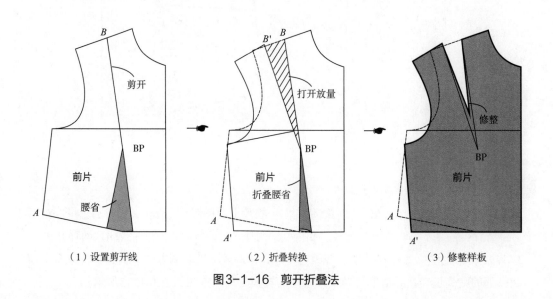

（1）设置剪开线　　　　　　（2）折叠转换　　　　　　　（3）修整样板

图3-1-16　剪开折叠法

三 省的变化

1. 省的转换　在服装结构造型中，可根据款式需要，按胸省转换肩省的原理，以点为中心，将胸省任意转换为领省、袖窿省、腋下省、门襟省等。

（1）腰省转领省：款式图及省道的转换过程如图3-1-17所示。

（2）腰省转袖窿省：款式图及省道的转换过程如图3-1-18所示。

（3）腰省转侧缝省：款式图及省道的转换过程如图3-1-19所示。

（4）腰省转门襟省：款式图及省道的转换过程如图3-1-20所示。

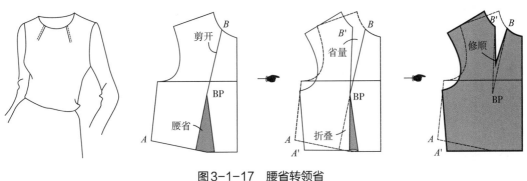

图3-1-17　腰省转领省

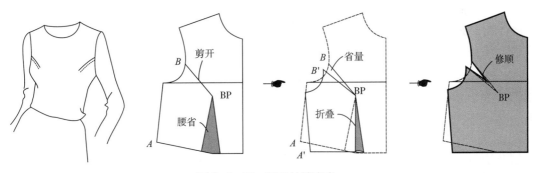

图3-1-18　腰省转袖窿省

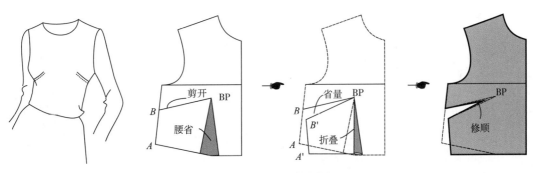

图3-1-19　腰省转侧缝省

项目三　上装结构设计原理与样板

083

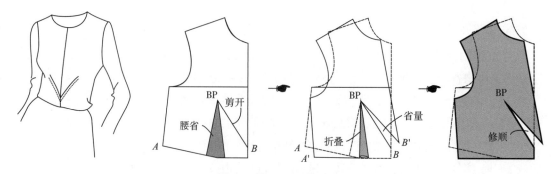

图3-1-20　腰省转门襟省

2. 省转化为褶

（1）省转胸部碎褶：款式图及碎褶的转化过程如图3-1-21所示。

（2）省转腰部碎褶：款式图及碎褶的转化过程如图3-1-22所示。

（3）省转肩部碎褶：款式图及碎褶的转化过程如图3-1-23所示。

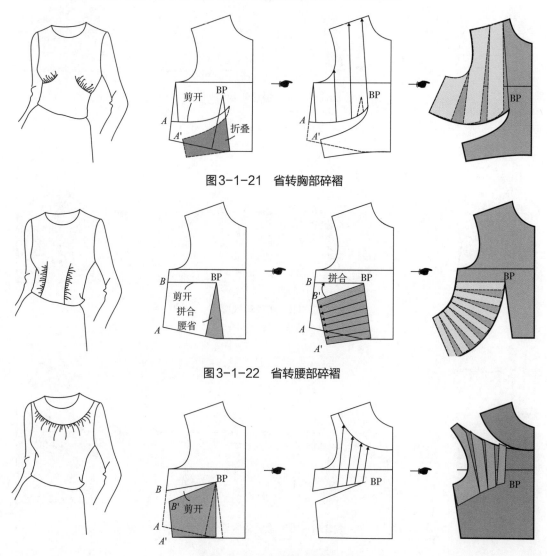

图3-1-21　省转胸部碎褶

图3-1-22　省转腰部碎褶

图3-1-23　省转肩部碎褶

省在服装款式结构中的应用非常丰富，有些款式将胸省转化到领部、腰部等部位并抽成碎褶，形成新的外观效果。

3. 连省成缝形成衣身结构线　在服装款式中，省并不单独存在，而是相互结合，从而形成各种造型结构线，既满足了服装结构的需要，同时又使服装的外观效果更具美观性。

例如，肩省与腰省相结合形成了公主线；袖窿省与腰省的结合形成了刀背分割；另外还可以将领省与腰省结合、领省与胁省结合等，都能形成凸显女性曲线美的结构线，这也是很多职业装、淑女装、礼仪服装经常采用的结构线。

如图3-1-24所示，在服装与人体的相互关系中，服装与人体越近，服装胸部结构线曲度越大；反之，服装胸部结构线曲度越小。

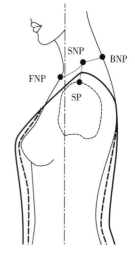

图3-1-24　服装胸部曲度变化

四　衣袋、纽位变化

1. 衣袋变化　衣袋是服装主要附件之一，它不仅具有功能性，而且具有装饰性。衣袋的式样繁多，从结构上可分为三大类，即挖袋、贴袋、插袋。衣袋的不同位置、尺寸及造型会给服装款式增添新的感觉与变化。

（1）衣袋的位置：确定衣袋的位置需考虑功能性，应以手放进衣袋方便为前提。一般胸袋应设置在袖窿深线向上2cm左右的位置，大袋设置在腰节线向下7~10cm的位置，同时要根据衣身的长短作适当调整。从装饰性考虑，随着服装款式的变化，口袋的位置还可设置在前身、后背，以及体侧、袖子等各部位。

（2）衣袋的大小：袋口的大小是以手的宽度和厚度为主要依据，成年女性的手宽一般在9~11cm之间，成年男性的手宽一般在10~12cm之间，袋口的大小需在此基础上加放一定松量进行设计。小袋一般只用于装饰或只用手指取物，其袋口尺寸一般以$B/10$为基数，再适当加减1cm即可；大袋通常采用$B/10+5cm$来确定。总之，衣袋的大小与衣身面积应成正比，宽松服装衣袋略大，合体服装衣袋略小。

（3）衣袋的造型：挖袋、插袋类口袋要注意掌握好衣袋本身的造型特点，明贴袋的外形则要注意应与服装的款式、造型相统一。

2. 门襟与纽位变化

（1）门襟变化：门襟的主要功能是为了穿脱方便。门襟可设计在衣片的任何部位，对于日常服装，门襟多数设计在前中心线的位置，具有方便、对称、平衡的特点。门襟的形式、种类很多，有单排扣搭襟、双排扣搭襟、对襟、侧襟等。

①单排扣搭襟：门襟宽度指衣身止口至搭门线的距离。单排扣门襟宽度一般为2~3cm。可根据款式及面料的厚度选择门襟的宽度，如衬衫门襟宽一般为2cm，风衣、大衣门襟可定为3cm。

②双排扣搭襟：双排扣门襟的宽度一般为6~10cm，多用于西装、风衣、大衣等款式。

③对襟、侧襟：这两种形式多用于中式服装。对襟的位置设置在衣身的前中心线处，衣身没有搭门宽；侧襟可分为左偏襟和右偏襟两种形式。

（2）纽位变化：门襟的变化决定了纽位的变化，纽位在搭门处的排列通常是等分的。一般先确定首粒纽扣和末粒纽扣的位置，其他纽扣按首末两粒纽扣的间距等分。

纽扣按功能可分为实用纽和装饰纽两种，实用纽对门襟起着闭合的作用，兼有装饰性；装饰纽通常指在口袋、领角、袖襻等部位装钉，主要起美化服装的作用。

💡 思考及练习

1. 什么是省道的移位？其方法有哪些？

2. 通常省的转换部位有哪些？画图说明一种转省方法。

3. 衣袋位置及大小如何确定？

模块二　衣领结构设计原理与样板

终极目标：理解衣领结构技术原理，独立完成常用衣领的结构制板。

促成目标：

1. 掌握衣领测量技术。

2. 掌握衣领结构设计原理。

3. 掌握立领、翻领、驳领结构样板的绘制。

教学任务

1. 完成衣领相关部位的尺寸测量及规格设置。

2. 完成无领结构领口造型设计。

3. 完成有领（立领、翻领、驳领）结构样板的绘制。

任务一　无领结构设计原理与样板

任务描述

1. 了解衣领的分类及重要性。

2. 掌握无领结构的相关原理。

3. 掌握无领结构的造型。

任务实施

　　衣领是构成服装的最主要部件之一，也是服装造型中变化最为丰富、最引人注目的部位。衣领的造型与人的脸型和谐地组合，可以突出面部的美感，使脸型更为生动。衣领的造型与服装的造型风格相协调，又可为服装赋予特定的语言，彰显服装的品位。因此，衣领设计是服装设计的重要环节。

衣领的变化丰富，有高低、宽窄、开关之分，外观形态各异，但从结构上来说，总体可以分为无领和有领两大类。在有领结构中则包括立领、翻领和翻驳领三大类。

一 无领构成

无领是由领口的不同形状与外观构成的领型。无领领型的变化取决于领口的形状与开度（包括开宽度与开深度）。

1. 领口的形状　领口的形状在设计中自由度较大，它可以设计成我们所能想象到的任何一种形状。通常较多采用的是以前、后中心线为对称轴，左右对称的领型，以达到造型上的平衡美。

2. 领口的开度　领口的开度既受服装流行趋势的影响，又受服装款式的制约。女装基本纸样的领口尺寸是无领款式的领口最小的极限尺寸，如图3-2-1所示，a处表示基本纸样领口尺寸，当增大领口开度时，必须遵循的原则是，领口开度不能超过内穿胸衣的外轮廓线。因此，无领款式的前领口变化范围应在基本领口线与胸衣外轮廓线之间，后领口在腰围线以上的范围内变化。

为了保证领口造型的稳定性，横开领应避开肩点3~5cm，如图3-2-1所示。一般晚礼服或用弹力面料制作的紧身服装，横开领较大，甚至超过肩点而成为露肩的款式。当横开领较小时，必须考虑前后领口的互补，要增大竖开领值，以保证肩部的稳定。

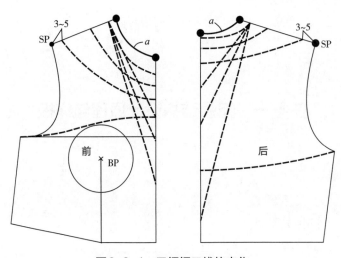

图3-2-1　无领领口线的变化

二 常用的领口造型

常用的领口造型有圆型领口、一字型领口、方型领口、V型领口等，其结构绘制方法如图3-2-2所示。

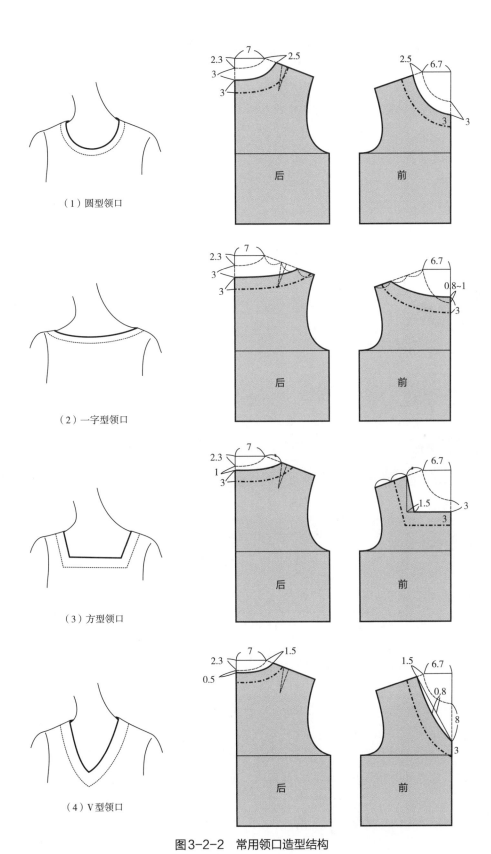

（1）圆型领口

（2）一字型领口

（3）方型领口

（4）V型领口

图3-2-2　常用领口造型结构

💡 思考及练习

1. 衣领按结构进行分类可分为哪几类？
2. 无领领口线的变化应遵行哪些规律？
3. 在无领结构中常用的领口造型有哪些？
4. 完成圆型领口、一字型领口、方型领口、V型领口的结构绘制。

任务二　立领结构设计原理与样板

● 任务描述

1. 掌握立领结构线名称。
2. 掌握立领基本型的结构绘制。
3. 掌握立领结构设计的相关原理。

● 任务实施

立领，指沿领口线围绕人体颈部并直立起来的一类领型。其造型简洁、利落，具有较强的适用性，如中式旗袍领、学生装领、便装领等都属于这类领型。

一　立领的基本型

立领结构线名称，如图3-2-3所示。

1. 立领基本型的结构分析　立领基本型的形状接近于长方形。

（1）确定衣身领口弧线。

（2）领长的取值：为衣身前、后领口弧线的长度（或$N/2$）。

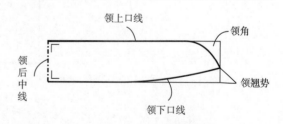

图3-2-3　立领结构线名称

（3）领宽的取值：领后中线取4cm为领宽。

（4）确定领下口线及领角：由于人体颈部呈前低后高状，为不妨碍颈部活动，故一般领前部略窄些，可采用起翘的方法解决，起翘通常取值为1.5~2cm，领角处可修成圆角。

2. 立领基本型结构图绘制　绘制方法如图3-2-4所示。

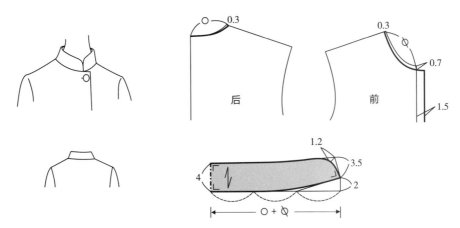

图3-2-4 立领基本型结构图

二 立领的结构分析

1. 依据立体形态 立领按其立体形态及外轮廓造型可分为竖直式、内倾式、外倾式。

（1）竖直式立领：如图3-2-5所示。外观近似圆柱体，领底起翘度取零，领上口线与装领线相同。由于人体颈中部细、颈根部粗，领上口与颈部之间产生一定的空隙，亦可称为不合体立领，但穿着舒适，活动自如。

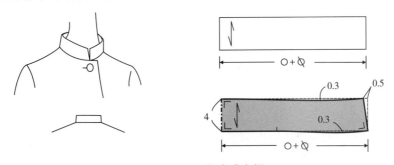

图3-2-5 竖直式立领

（2）内倾式立领：如图3-2-6所示。将竖直式立领上口剪开至装领线，并将其折叠，此时领上口会变短、领前端产生起翘，当起翘为2cm时，领上口较为合体，立领呈内倾形式，成为基本型立领结构。

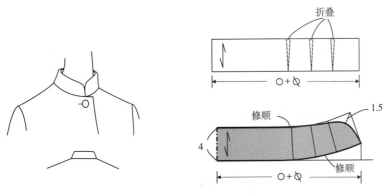

图3-2-6 内倾式立领

注意：折叠量加大，起翘也会加大，内倾也越明显。折叠位置和折叠量应与立领的形态吻合，领上口围度不能小于颈围，通常前起翘在1~3cm之间，如超过3cm，颈部就不便活动了。

（3）外倾式立领：如图3-2-7所示。将竖直式立领上口剪开至装领线并展放，此时装领线向下弯曲，领上口围度变大，呈外倾式立领结构。展放量越大，上、下口线的差值越大，立领外倾越明显，但展放量应有一定的限度，否则外口过松不能立住而最终变为其他领型。

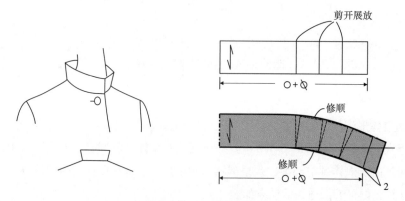

图3-2-7　外倾式立领

2. 配领方法　在立领结构中，按配领方法可分为独立配领法与衣身配领法。

（1）独立配领法：常用于较成熟的立领，具有简便、迅捷的特点。如学生装立领、中式立领等。

（2）衣身配领法：对于变化新颖的领型，单独配置需反复修正、实践才能得出，操作过程复杂且不规范，因此，可采取衣身配领法。

立领无论怎样变化，合理的衔接是必须的。所以，衣领转折点是立领结构造型的关键。

以基本型领口为配领依据的立领，由于衣领转折点位置的变化，会产生不同的立领造型，如图3-2-8所示。

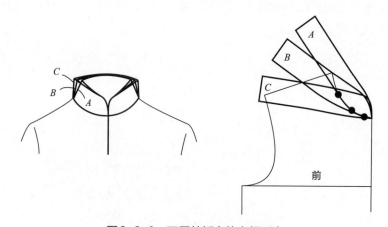

图3-2-8　不同转折点的立领形态

立领的变化除了领型的高低和领角的方圆变化外，还可以采用延伸、分割、组合、变形、折叠等方法，从而变化出多种立领。

1. 方领角立领 如图3-2-9所示。制图方法与基本型立领相似，但需加深衣身的领深，前领角应做方角处理。

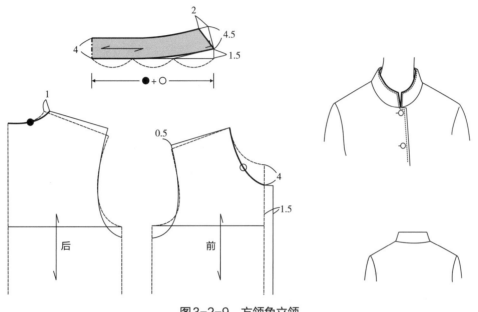

图3-2-9 方领角立领

2. 倒锥型立领 如图3-2-10所示。此领型的特点是衣领的领上口尺寸大于衣身的领口尺寸。在结构设计中，主要是通过领下口线向下的弯曲度来增加领上口的围度，使领口张开呈喇叭状。该领型多见于少数民族服装。

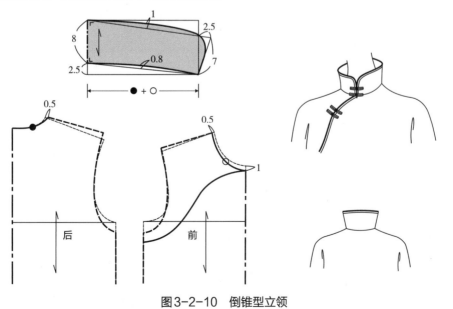

图3-2-10 倒锥型立领

3. **前开襟连身立领** 如图3-2-11所示。此款衣领与衣身相连，其结构造型是由后领口向上延伸2.5cm为领高，并将衣身的肩省转移至领口，这样在领口线上收进一定的省量，以使延伸出的领子立起；前身仅在侧颈点处加高，而前领口仍保持无领的造型，形成一款看似无领却又有领座的半立领。

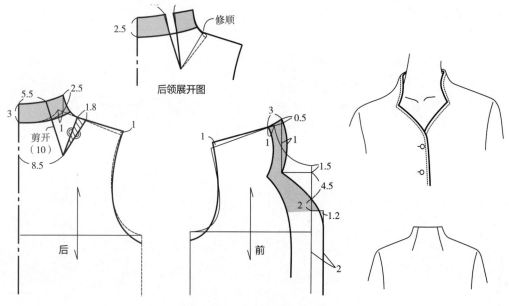

图3-2-11 前开襟连身立领

4. **后开门连身立领** 此款衣领需将前、后衣片的领口同时抬高一定的量，并将衣身的省量转移到领口线上，通过收进的省量，使延伸出的领子立起，形成平整美观与衣身相连的直立领型，如图3-2-12所示。

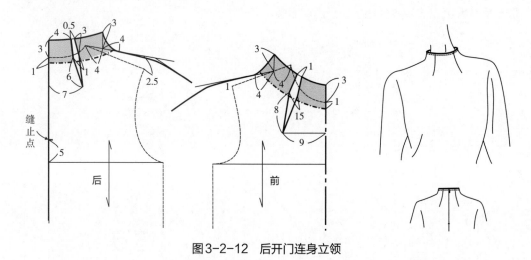

图3-2-12 后开门连身立领

5. **连襟褶裥式立领** 通过褶裥及连门襟形式改变了常规立领造型，外观上增添了活泼、生动的元素，其结构制图方法如图3-2-13所示。

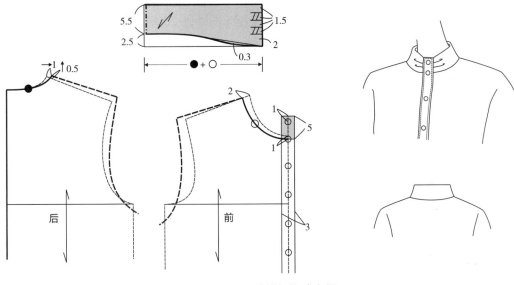

图3-2-13 连襟褶裥式立领

6. 衣身分割式连立领 此款立领一方面需围转颈部呈直立造型，另一方面还需保持与衣身相连的贴服状态，为了方便快捷地绘制出纸样，可采用衣身配领法来完成，如图3-2-14所示。

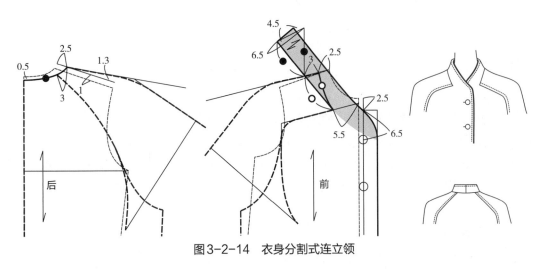

图3-2-14 衣身分割式连立领

💡 思考及练习

1. 独立完成立领基本型结构的绘制。

2. 简述立领的立体形态。

3. 熟练掌握立领的配领方法。

4. 完成分割式连立领、后开门连身立领、连襟褶裥式立领结构制图。

任务三　翻领结构设计原理与样板

1. 掌握翻折领结构线名称。
2. 掌握翻折领基本型结构的绘制。
3. 掌握翻折领结构原理及变化规律。
4. 掌握平领基本型结构及相关原理。
5. 掌握平领结构变化规律。

● 任务实施

　　翻领属关闭式领型，是衣领中最常见的领型之一，是立领进一步变化的结果。在立领的基础上，随着领外口线的逐渐加长，立领会自然向下翻倒，直至与衣身肩部贴服，形成包含领面和领座的翻领。

　　翻领造型变化丰富，如按领面形状分类有窄翻领、阔翻领、方角翻领、圆角翻领、对称及不对称翻领等；按领座分类有翻折领、衬衫领、高领座翻领、低领座翻领等。无论领型如何变化，它们的配领方法和步骤都是统一的。

一　翻折领

　　翻折领，指在领口上加装了由翻倒的领面与直立的领座共同构成的衣领。翻折领领型的变化取决于翻折领的廓型、领座的高度及翻折领的松度。

　　1. 翻折领结构线名称及基本型　　翻折领结构线名称，如图3-2-15所示。

　　翻折领基本型是以长方形为基础，长度为前、后领口弧长之和，宽度为翻领宽与领座宽之和，为保证领外口线翻转后与人体颈部吻合，领后部应有翘势，领角的倾斜程度及造型变化可自行设计，如图3-2-16所示。

　　2. 翻折领结构原理分析

　　（1）翻领与领座：一般情况下，翻领宽总是大于领座宽。翻领廓型可以根据服装的整

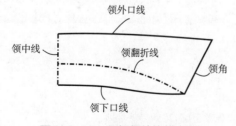

图3-2-15　翻折领结构线名称

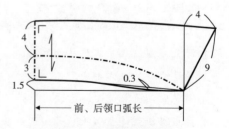

图3-2-16　翻折领基本型

体造型而确定，翻领宽在肩点以内变化，并且翻领的后领宽比领座至少宽1cm，这样可以保证翻领翻折后可以遮住装领线。翻领越宽，与肩部结合的面积越大，衣领的弯曲度也越大。

领座宽是受一定条件限制的，基本领口弧线的领座宽度，男装最大为3.5cm，女装最大为3cm，超过这个限值，颈部就会有不舒适感（卡脖）。当领座接近1cm时则呈平领状，常用的领座宽为2.5~3cm，如图3-2-17所示。

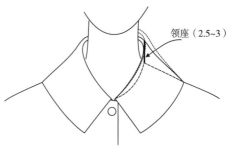

图3-2-17 常用的领座宽度

（2）领座起翘量与翻领外口线的长度：领座与翻领的变化规律如图3-2-18所示。

在翻领结构中，如想让领口合体，就要求领座的上口线向上弯曲，形成锥形立领结构。领座下口线的起翘量一般为1~2.5cm，这样可以使领口合体而无压迫感。

翻折领宽度相同的情况下，领座与领面分配值不同，呈现出不同的领造型

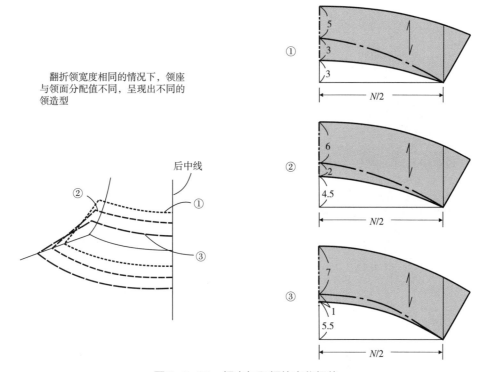

图3-2-18 领座与翻领的变化规律

在翻折领宽度相同的情况下，领座与领面的分配值不同，则呈现出不同的领造型：领面宽与领座宽的差数越大，领座的起翘量就越大，领外口线与领座上口线的长度差数也越大，领造型呈平坦状；而领面宽与领座宽的差数越小，领座的起翘量就越少，领外口线与领座上口线的长度差也越小，领造型呈直立状。

翻折领结构中领后翘势的取值也可利用公式进行计算，即：

领后翘势＝总领宽－1.7倍领座宽

（3）领下口线与衣身领口配制：在翻领结构中，由于领下口线与衣身领口的配制方法不同，穿着后的翻领折线则呈现出不同造型，常以U型与V型命名。

①领口呈U型：即关门翻领的主要特点，为了达到U型领口的效果，配领时应增加翻领的松度，加大后领起翘量，使领下口线呈弧形，与衣身前领口弧线产生空隙量，形成凹凹相对，缝合后由于受到拉力的作用，穿着后的领上口线呈U字造型，如图3-2-19所示。

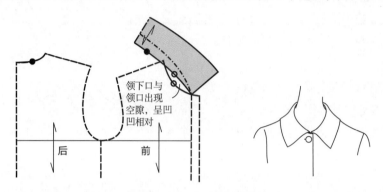

图3-2-19　领口呈U型

②领口呈V型：即两用翻领的主要特点，当敞开穿着时，具有驳领的效果；当关闭穿着时，驳口上升，直至消失，领口呈倒三角V字型。配领时，应注意领下口线的形状与衣身领口弧线相互吻合，形成凹凸相对，如图3-2-20所示。

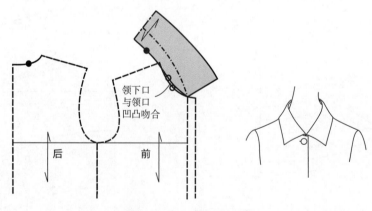

图3-2-20　领口呈V型

3.翻折领结构变化拓展

（1）关门登翻领：关门登翻领是在翻领基础上变化的领型，是指前领座竖立登起的领型。由于关门登翻领具有较强的立体感，因此在翻领配制法基础上应增加竖立登起的部分，其配领方法如图3-2-21所示。

（2）衬衫领：在结构设计中，一般采用基本纸样的领口尺寸，或将衣身领口的前颈点降低1cm，以增加颈部的舒适度。领座在后颈处宽为2.5~3.5cm，前颈点处宽为2cm左右，领下口起翘量为1~1.5cm；翻领后中宽度大于领座宽度1~1.5cm，如图3-2-22所示。

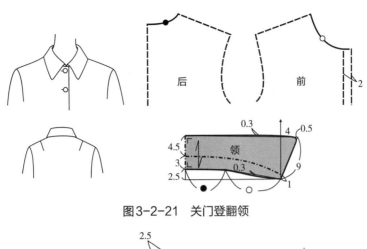

图 3-2-21　关门登翻领

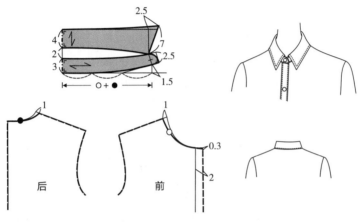

图 3-2-22　衬衫领

（3）风衣翻领：该领型从肩部向颈部倾斜，翻领面不贴紧领座，穿着时能翻能立，因此常与可翻成驳领的双搭门襟组合。在结构设计中，首先确定衣身领口的开度和驳领的形状，再依据领口尺寸配制翻领。领座在后颈处宽为3.5~4.5cm，领下口起翘量为1~3cm；翻领在后颈处宽为6~7cm，前端设计成尖角或圆角造型，如图3-2-23所示。

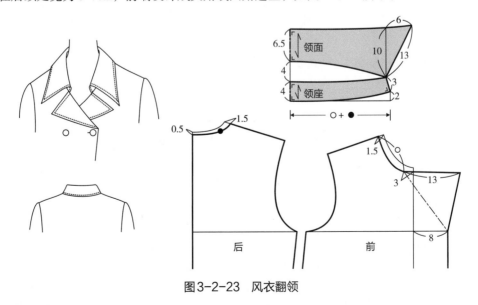

图 3-2-23　风衣翻领

二 平领

平领又称为坦领、披肩领，是翻折领的一种特殊形式。即当领座很小或没有时，其较宽的翻领平摊于肩部的领型。其特点是领子平贴于衣身肩部，从外观看几乎无领座。

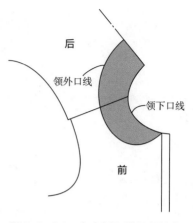

图3-2-24　完全倒翻的平领结构

1. **平领的原理**　平领结构可以看作是衣身上重叠的一部分，领型的变化可以通过改变领口开度、领宽及廓型来实现。其配领方法可借助于前、后衣身领口及肩部造型进行配制，则更加准确、直观。

平领的制图方法：将前、后衣片在肩缝处拼合，然后根据所设计的平领廓型直接在衣身纸样上画出领下口线及领外口线，即完成了平领的制图，如图3-2-24所示。

完全翻倒的平领结构，由于领下口线完全与衣身领口线重合，所以穿着时会使装领线迹外露而影响美观，因此，在平领的纸样设计中，需要适当减少领下口线的弯曲度，以便将衣领的外领口尺寸减小，使衣领在后颈处向上拱起，使装领线不外露。

制图时，先将前、后衣片纸样在领口处对齐，肩缝重叠一定量，这样可以减小领下口线的弯曲度，一般肩缝重叠量不小于1.5cm，以达到掩盖装领线的目的，如图3-2-25所示。

肩部重叠量越大，衣领外口尺寸越小，衣领后部拱起量也越大，从而演变为有领座的翻领结构，如图3-2-26所示。

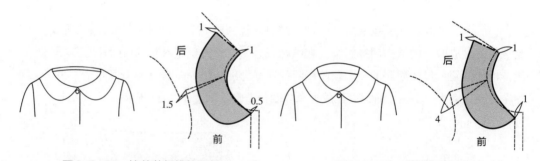

图3-2-25　掩盖装领线的平领　　　图3-2-26　有领座的平领

根据经验，肩部的重叠量与领座的关系可参考表3-2-1。

表3-2-1　重叠量与领座的关系　　　　　　　　　　单位：cm

重叠量	领座高
1.5	0.5
2.5	0.6
3.8	1
5	1.5

2. 平领结构拓展

（1）平领基本型：如图3-2-27所示。平领基本型的领面平服地贴在肩背处，在结构设计中，主要将前、后衣片的肩缝重叠1.5~2cm的量，使衣领在颈部拱起小领座。同时，可以通过改变领外口线和领角的形状来丰富领型。

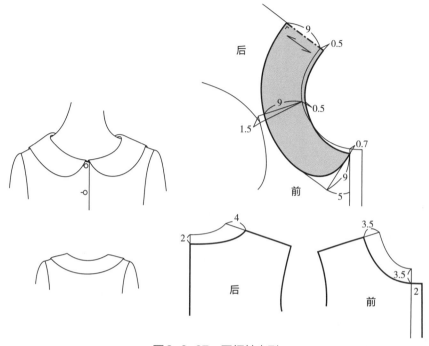

图3-2-27　平领基本型

（2）水兵领：此种领型多用于水兵制服，从而得名。领型的款式特点表现为前领口呈V型；领宽占肩缝长度的2/3左右；后领呈方形并由肩点向前领口成弧线连接。在结构设计中往往采用较小的肩部重叠量，一般为1.5cm，如图3-2-28所示。如果采用的面料质地较厚，悬垂性差，可以适当增加其肩部的重叠量，一般为2.5~5cm。

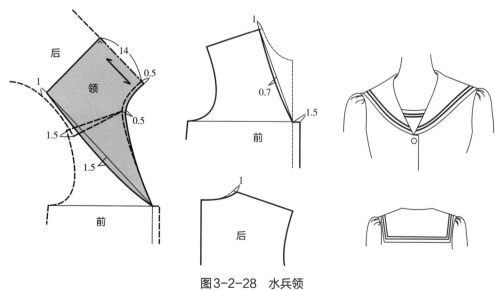

图3-2-28　水兵领

（3）荷叶领：该领型的特点是衣身领口处犹如加装了宽的装饰花边，衣领外口线呈现出波浪褶。在结构设计中，是利用基本型平领的纸样作剪开加放褶量来完成的，将平领外口线加长，使领下口线弯曲度增大，则成为荷叶领，如图3-2-29所示。

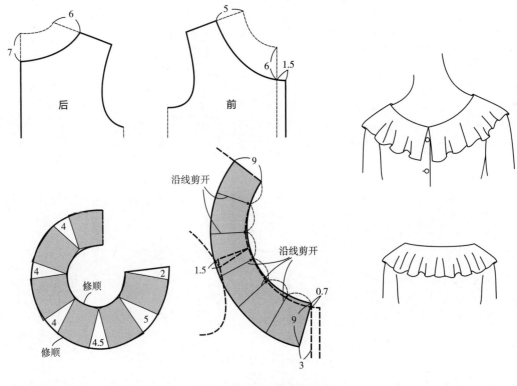

图3-2-29　荷叶领

💡 **思考及练习**

1. 简述翻折领中翻领与领座的关系。

2. 如何进行翻折领下口线与衣身领口的配制？

3. 翻折领宽度相同的情况下，领面宽与领座宽有怎样的关系？

4. 完成衬衫领、风衣领结构图的绘制。

5. 简述平领结构制图原理。

6. 完成海军领、荷叶领结构图的绘制。

任务四 驳领结构设计原理与样板

• 任务描述

1. 掌握翻驳领结构线名称。
2. 掌握平驳头西装领结构样板的绘制。
3. 掌握驳领结构相关原理。
4. 掌握戗驳领、青果领结构样板的绘制。

• 任务实施

驳领亦称翻驳领，指由翻领结构的衣领与前衣身翻折而成的驳领共同构成的领型。其结构具备所有领型结构的综合特点，是服装设计中用途最广、技术最强、结构最复杂的一种领型。

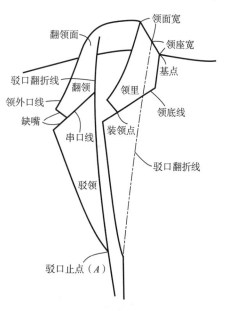

图3-2-30 翻驳领相关部位名称

一 翻驳领相关部位名称

在进行翻驳领结构绘制之前，需掌握翻驳领相关部位的名称，如图3-2-30所示。

二 翻驳领基本型（平驳头西装领）

通常，翻驳领结构图需在衣身前领口上进行绘制，目的是可以根据驳头的宽窄、领口线的形状及驳口线的倾斜角度配制，从而达到衣领与衣身的紧密贴服。制图步骤如图3-2-31所示。

（1）确定驳口线：设置搭门宽线（衣身前中心线加放2cm），延长腰节线至搭门宽线，生成交点 A 为驳口线止点；在颈肩点缩进0.5cm，沿小肩线延长至 B 点，长度为领座宽 –0.5cm（设领座宽为2.5cm，B 点至颈肩距离为2cm），连接 A、B 两点确定驳口线。

（2）设置领窝及串口线：通过新颈肩点作驳口线的平行线为领底线的辅助线，通过小肩斜线中点作前领口弧线切线为串口线，用于衣领与驳头连接线，两条线所构成的夹角（C 点）为新的衣领领窝。

（3）设置驳头、领角造型：沿驳口线作垂线，取8cm交于串口线 D 点，连接 A、D 两点并在1/3处外凸1cm成弧线，完成驳头；在串口线上取领角宽3.5cm、翻领角宽3cm、领角缺嘴4 cm，完成领角造型。

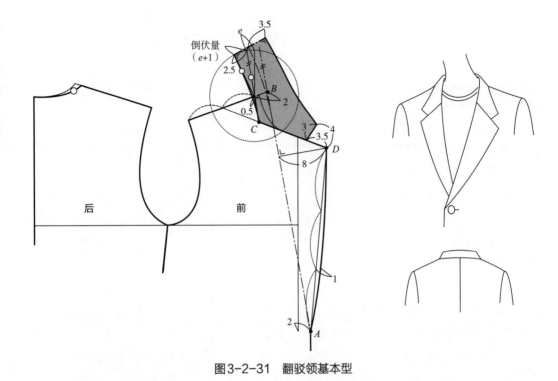

图3-2-31　翻驳领基本型

（4）确定翻驳领倒伏量：从新颈肩点沿领底口线作驳口线平行线，并截取后领口弧长，通过新颈肩点作前中心线平行线，测量出两线间距（e）的值，加上领座与领面的差（1cm），即$e+1$为此领的倒伏量，得出新领底口线。

（5）绘制领座、领面及外口弧线：在新领底口线上测量出后领口弧长，以此点作垂线，并分别截取2.5cm为领座、3.5cm为领面；以直角的微曲线连接至领角。

（6）画顺领底口线、驳口线，完成翻驳领结构。

三　翻驳领结构原理分析

从翻驳领基本型中可以得出其结构主要包括领口、驳头、翻领三部分，三者之间有着密切的关系，既相互联系又相互制约。在配制翻驳领时只有准确地分析各部分的结构关系，熟练掌握变化原理及绘制方法，才能提高衣领配置的精准度。

1. 领口的确定

（1）领宽的确定：确定领宽时应考虑翻驳领与衣身肩部的平整、贴服，如果采用基本领口宽$N/5$来计算，由于衣领与颈部较近，领开度过小，衣领翻折至颈部周围会出现多余的皱褶，或是衣领不能贴服而向上蹿动。因此，翻驳领的领宽需在基本领宽的基础上将前、后领宽同时加宽0.5~1cm，或是以胸、背宽/2加减定数作为前、后衣片领口宽的推算方法，如图3-2-32所示。

（2）领深的确定：在翻驳领结构中，前领深的确定与关门领有着很大区别，由于开门的关系，领深线与向外翻转的驳头相连，一部分成为串口线，串口线的设计决定着驳头与衣领的长短变化。因此，领深线的深浅变化非常灵活，没有固定算法，常根据衣领的款式设计而定；其造型也可以设计成弧形、曲线形、方角形等形状，一般生产上习惯将其设计成方角形，它具有工艺对位准确和外观效果平整的特点，如图3-2-33所示。

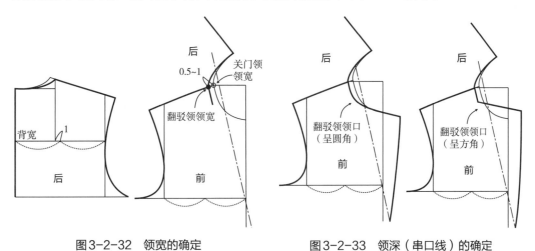

图3-2-32 领宽的确定   图3-2-33 领深（串口线）的确定

2.影响翻驳领倒伏量的相关因素

（1）倒伏量的形成：人体颈部呈近似圆柱体，在平面制图时，当领面以翻驳角为基点沿驳口线向后颈根转折时，无法吻合人体的后颈部。究其产生的原因是驳口线向颈后倾斜的角度不够、领外口弧长不足，导致衣领自然翻折后不能贴服肩背。对于不足的角度可通过颈肩点的驳口线平行线与垂直线夹角距离（e）所测得。倒伏量的形成如图3-2-34所示。

（2）驳口线对倒伏量的影响：通过翻驳领基本型结构制图可以得知，翻领底口线的倒伏量为e+1。从结构自身规律来说，翻领底口线倒伏量表现出完全动态的关系。即e值受领口开度的影响，

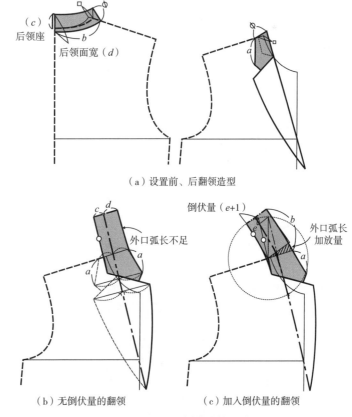

（a）设置前、后翻领造型

（b）无倒伏量的翻领   （c）加入倒伏量的翻领

图3-2-34 倒伏量的形成

由驳口止点的高低控制。

驳口止点，指驳口线与前衣身止口线的交点。在驳口基点一定的条件下，驳口止点越高，领口开度夹角越小，驳口线的倾斜角度越大，与垂直线形成的夹角距离（e值）就越大；反之，e值相对变小，如图3-2-35（a）所示。

搭门宽的取值也影响驳口线的倾斜角度，同一水平线的驳口止点，宽搭门比窄搭门的驳口线倾斜角度大，如图3-2-35（b）所示。因此，宽搭门的e值大于窄搭门。

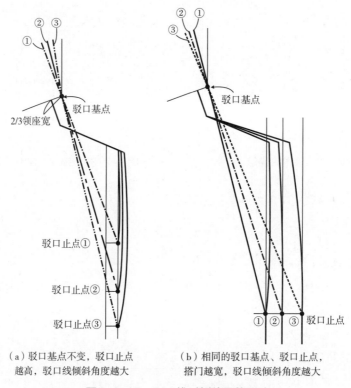

（a）驳口基点不变，驳口止点　　　　　　（b）相同的驳口基点、驳口止点，
越高，驳口线倾斜角度越大　　　　　　　　搭门越宽，驳口线倾斜角度越大

图3-2-35　驳口线对倒伏量的影响

（3）翻领面与领座的宽度差：翻领底线倒伏量计算公式为e+1cm（领面和领座的差）。当领座宽度一定时，翻领越宽，翻领底线倒伏量值越大；当翻领宽度一定时，领座越宽，翻领底线倒伏量值越小。因此，1cm可为变量（n），这种e+n的情况往往出现在外套大翻领的设计中，如图3-2-36所示。

通过上述实践可以得出如下结论：在翻驳领的配制中，驳口线倾斜角度确定之后，翻驳领倒伏量还会受翻领面与领座宽度差的制约，翻领面与领座宽度差越大，所配制出的衣领外口线就越长，倒伏量也越大；反之亦然。

（4）工艺处理与面料性能：翻驳领倒伏量还受面料质地、工艺制作方法等因素的影响。如含毛的面料具有可塑性，当采用传统工艺制作领子时，可以适当减小翻驳领的松量，可通过工艺归拔来缩小翻领的内口围度，增大翻领的外口长度，这样就能得到自然贴服、符合人体颈部外形的翻驳领。再如选用较厚质地的面料做衣领时，要适当加大翻领的松量；选用薄

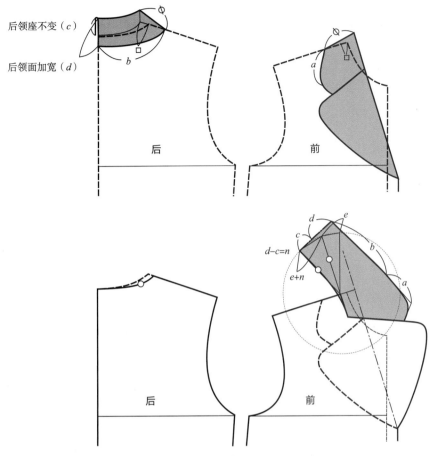

后领座不变（c）

后领面加宽（d）

图 3-2-36　增加领面宽的大翻领

型面料时则需适当减小翻领的松量。

3. 两片式分领座技术　在翻驳领结构制图时，除了解决与人体的贴服性外，还需考虑面、辅材料的性能及加工制作的工艺方法。由于高温衬布的特性，使传统工艺中的归拔技术不能得到展现，为了解决领翻折线在颈部产生的多余褶皱问题，可以将一片式翻驳领结构转换成两片式分领座的翻驳领结构，通过分割、展转使领座的领下口线上翘呈内倾立领结构，贴合人体颈部；翻领内领口线缩短，外领口线长度充分满足翻领自然翻折的空间量。

这种绘制翻驳领纸样的方法既简便又实用，具体步骤如图 3-2-37 所示。

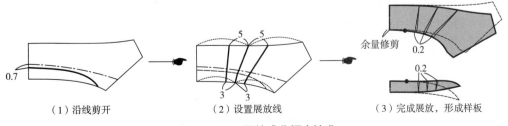

（1）沿线剪开　　　　　（2）设置展放线　　　　　（3）完成展放，形成样板

图 3-2-37　两片式分领座技术

项目三　上装结构设计原理与样板

107

4. 翻领与驳领尺寸配比 驳领结构配置除掌握内在结构变化规律外,还要掌握翻领的外在尺寸配比规律,遵循形式美原则,从而达到内在与外在的统一。

（1）翻领与驳头长度的配比：串口线高低位置是设定翻领与驳头长度的依据。串口线的设置非常灵活,无固定尺寸,可在领口开度的任意位置设置,但需遵循的是二者的比例关系,可依据黄金比例进行设置,如图3-2-38（a）所示。

（2）领嘴的尺寸配比：翻驳领在领嘴部位的变化非常丰富,如平驳头、戗驳头、圆领角、方领角及领嘴张开的大小等。这些变化主要以体现造型效果及设计风格为目的,对衣领结构的合理性不产生直接影响,但也存在着微量的调节作用。

由于西装领造型包含着历史文化及着装习惯,常在一种传统的审美要求下穿着打扮。无论翻领与驳头怎样变化,在进行领嘴的尺寸配比时,设计师们常常会依照传统的配比形式来完成。即：领角宽与后领面宽近似,设定为3 cm或3.5cm,串口线宽比领角宽多0.5cm,领嘴间距比串口线宽多0.5cm,如图3-2-38（b）所示。

戗驳领嘴尺寸配比时,戗驳头与翻领的领嘴吻合后要多出1.5cm左右,形成戗角状,如图3-2-38（c）所示。

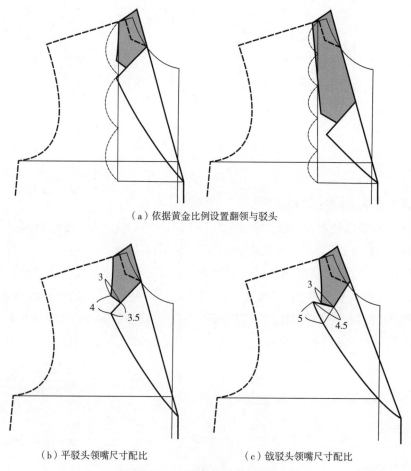

（a）依据黄金比例设置翻领与驳头

（b）平驳头领嘴尺寸配比　　　　　　　（c）戗驳头领嘴尺寸配比

图3-2-38　翻领与驳头尺寸配比

四 翻驳领款式拓展

1. 戗驳领 该领型特征是驳领领角向上凸出呈锐角领尖，驳领的缺嘴与衣领的领嘴吻合，使翻领与驳领在衔接处呈箭头形，故称为"箭领"。戗驳领常与双排扣门襟组合，用于套装和外套。

在结构设计中，一般驳口止点位于腰线以下，驳领缺嘴的宽度大于翻领缺嘴的宽度，驳口线与串口线夹角的角度小于或等于驳领尖角的角度，如图3-2-39所示。

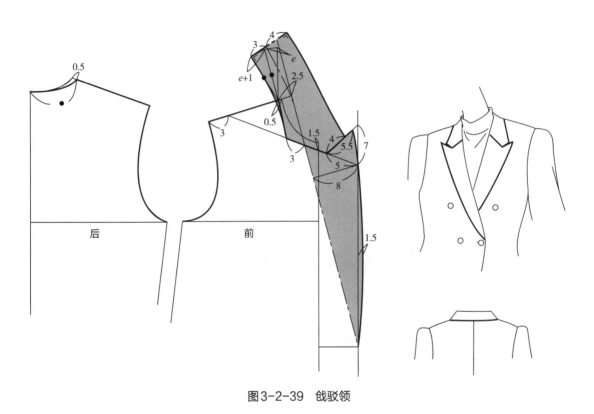

图3-2-39 戗驳领

2. 青果领 该领型特征是衣领与驳领之间无领嘴，领面合为整体，领外轮廓线呈青果形的翻领。在常规的驳领结构中，领嘴的张角实际上起着翻领容量的调节作用。而青果领中由于没有领嘴，所以其调节量的作用减小，但需适当增加翻领底线的倒伏量加以调整，如图3-2-40所示。

制图要点：

（1）确定驳领外轮廓线：根据驳口止点和驳领宽度确定驳领外轮廓线。

（2）确定倒伏量：根据后领弧线尺寸及领面与领座差确定翻领底线（e+1cm+0.5cm）。

（3）确定翻领的领座与领面宽，连顺青果领外口弧线。

（4）挂面的绘制：青果领的领里保留衣领与驳领的独立断缝结构，而领面与挂面则连裁成一体，需通过分割剪裁、与后领贴边拼接的手段来解决存在的差额。

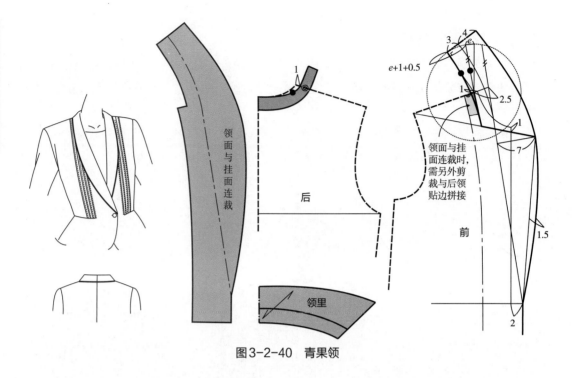

图3-2-40 青果领

💡 思考及练习

1. 绘图标注翻驳领结构线的名称。

2. 熟练掌握西装领的制图方法。

3. 影响翻驳领倒伏量有哪些因素？

4. 掌握两片式分领座技术的转换方法。

5. 翻领与驳领尺寸配比应遵循哪些原则？

任务五　衣领的款式变化实例

• 任务描述

1. 掌握连身立领结构的绘制方法。

2. 掌握环领、连体垂荡领结构的绘制方法。

3. 掌握结带领、立驳领结构的绘制方法。

4. 掌握刀领、阔翻领、叠驳领结构的绘制方法。

一 连身立领

连身立领的特点是立领与前、后衣身相连，衣身领口处没有分割线，是利用收领省来解决领型造型的需求，从而达到与人体颈部贴服的目的。其配领方法如图3-2-41所示。

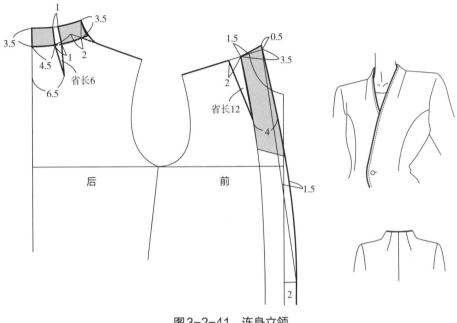

图3-2-41 连身立领

二 环领

环领是根据外观造型而命名的。为了达到环领效果，在面料的选择上，可采用较厚实、硬挺的面料。其配领方法如图3-2-42所示。

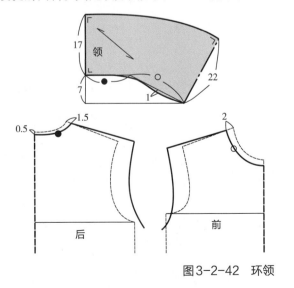

图3-2-42 环领

三 连体垂荡领

垂荡领，指服装衣领在胸前垂褶荡起的领型，是将领线加宽后，自然垂下呈皱褶状而命名。由于衣领展放及衣身前片外扩的尺寸不同，从而呈现出不同的皱褶及悬垂状态。

连体垂荡领的配制方法如图3-2-43所示，但需注意以下三点：

第一，加大后衣片横开领宽。第二，前衣片转省并增大前横开领宽。第三，为了达到皱褶下垂的效果需抬高领型或增加打褶量。

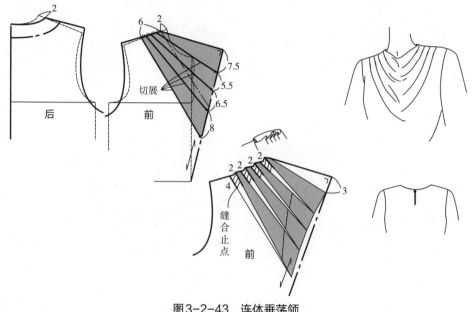

图3-2-43　连体垂荡领

四 结带领

结带领常指将衣领与装饰带组合而成的领型，根据其组合部位不同、装饰带造型的变化及结带的不同系法，可产生多种多样的结带领型。结带领的配领方法如图3-2-44所示。

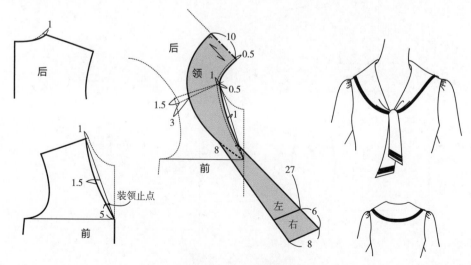

图3-2-44　结带领

五 立驳领

立驳领是将立领与驳头组合起来的一种领型，既有立领简洁的特点，又有驳领的潇洒、端庄。其配领方法如图3-2-45所示。

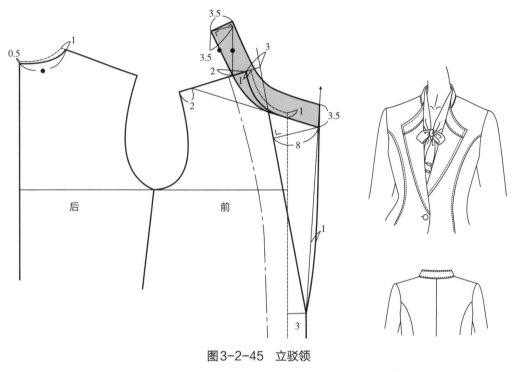

图3-2-45 立驳领

六 刀领

刀领的领面与挂面相连，翻转的驳头无串口线，形状似刀型，故称为刀领。刀领是青果领派生领型之一，在倒伏量的确定、驳口线的定位及挂面的配置时遵循着相同的原理及配置方法，只是改变了领外口线造型。其配领方法如图3-2-46所示。

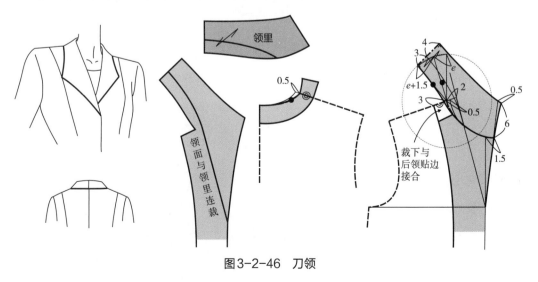

图3-2-46 刀领

113

七 ▶ 阔翻领

阔翻领常用于大衣、风衣类款式设计。其配领方法如图3-2-47所示。

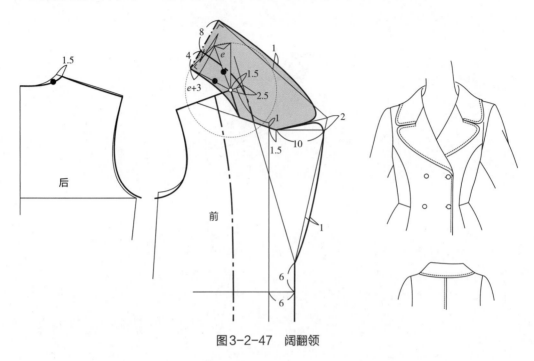

图3-2-47　阔翻领

由于受面料厚度、归拔处理的局限性等因素影响，领里内部与颈部贴合处常会出现多余皱褶，为解决这一问题，可将翻领与领座进行分割，通过衣领两次转换技术，达到领座贴体、翻领伏贴的效果。其配领方法如图3-2-48所示。

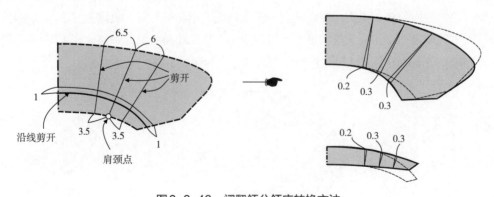

图3-2-48　阔翻领分领座转换方法

八 ▶ 叠驳领

叠驳领最突出特点是衣领重叠在驳头之上，增加了衣领的层次感。在配制叠驳领时，领面宽度一定要超过驳口线与贴边相连，只有这样，才能产生衣领与驳头重叠的效果。领外口造型呈方形或圆形可随意设计。叠驳领的配领方法如图3-2-49所示。

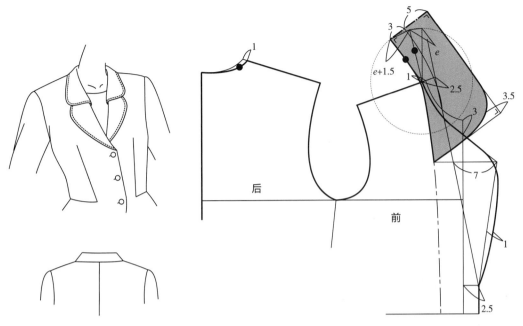

图3-2-49 叠驳领

💡 **思考及练习**

1. 分组完成连身立领、环领的结构样板。

2. 分组完成结带领、连体垂荡领、阔翻领的结构样板。

3. 分组完成立驳领、叠驳领、刀领的结构样板。

项目三 上装结构设计原理与样板

模块三　衣袖结构设计原理与样板

终极目标：理解衣袖结构技术原理，独立完成各类服装款式的结构制板。

促成目标：

1. 掌握衣袖测量技术。

2. 掌握衣袖结构设计原理。

3. 掌握一片式、二片式、插肩式衣袖结构样板的绘制。

● **教学任务**

1. 完成衣袖相关部位的尺寸测量及规格设置。

2. 完成衣袖结构样板设计。

3. 完成衣袖结构变化样板。

任务一　衣袖基本型结构及主要部位分析

● **任务描述**

1. 了解衣袖的分类。

2. 掌握衣袖结构线的名称。

3. 掌握衣袖的测量技术。

4. 掌握衣袖基本型结构的绘制。

5. 掌握衣袖结构设计原理及部位分析。

6. 掌握袖基型的结构变化。

衣袖是服装的组成部分，覆盖着全部或部分手臂。与衣领相比其功能性比装饰性更为重要，一定要在确保手臂活动自如的前提下，对其进行多样化的设计。

衣袖的款式多种多样，既有长袖、九分袖、七分袖、中袖、短袖、盖肩袖之分，如图3-3-1所示；也有一片袖、两片袖、多片袖之分。就其形状而言，又可分为灯笼袖、喇叭袖、花瓣袖、泡泡袖、插肩袖、落肩袖、连袖等，如图3-3-2所示。

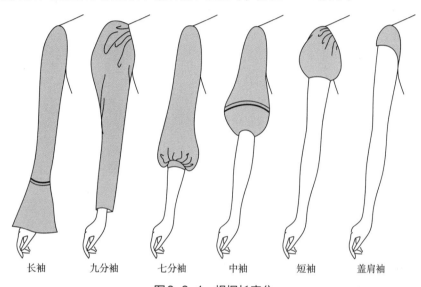

| 长袖 | 九分袖 | 七分袖 | 中袖 | 短袖 | 盖肩袖 |

图3-3-1 根据长度分

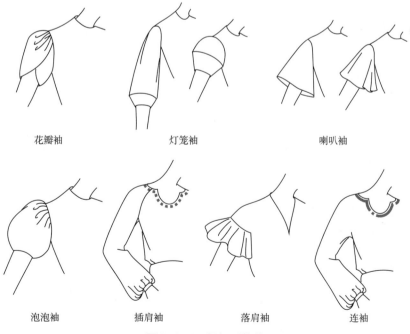

花瓣袖　　　　　　灯笼袖　　　　　　喇叭袖

泡泡袖　　　插肩袖　　　落肩袖　　　连袖

图3-3-2 根据形状分

一　衣袖结构线的名称

衣袖的基本型是各种袖型变化的基础，尤其女袖更为重要。在样板设计前应掌握衣袖结构线的名称，如图3-3-3如示。

二　衣袖的测量部位

衣袖的测量部位主要包括袖长、上臂围、袖肘围、手腕围、手掌围，具体测量方法如下（亦可参照项目一中的模块二"人体测量"）：

1. **袖长**　手臂呈自然下垂状态，从SP向下量至手腕点或所需长度。

2. **上臂围**　在上臂最丰满处水平围量一周。绘制合体袖型时此部位尺寸很重要，有弹性的面料可直接采用测量的数据，其他面料需加放一定松量方可使用。

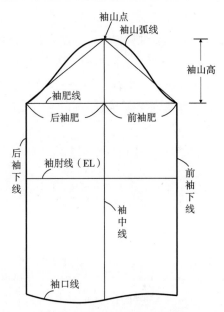

图3-3-3　衣袖结构线的名称

3. **袖肘围**　手臂自然下垂，通过肘关节突出点水平围量一周，并加放一定的松量后使用（亦可将手臂弯曲取得其数据）。

4. **手腕围**　沿手腕桡骨突出部位围量一周，是确定袖口尺寸的依据。

5. **手掌围**　将拇指往掌内收进，在手掌最宽处围量一周，是确定袖口穿脱方便的依据，也是确定服装口袋大小的依据。

三　衣袖基本结构

袖片基本型应在上半身衣片基本样板完成后进行，制图时需掌握两个数据：袖窿弧长（AH）和袖长（SL）（注：AH值为前、后衣片的袖窿弧长之和）。测量方法为：将软尺立起，沿袖窿边缘分别测量，前袖窿弧长为前AH，后袖窿弧长为后AH，如图3-3-4所示。

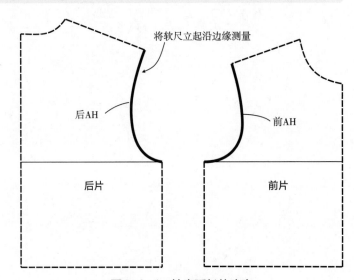

图3-3-4　袖窿弧长的确定

1. 衣袖基本型结构的制图方法一 如图3-3-5所示。

制图要点:

（1）作相互垂直的两条直线，由交点向上量取袖山高AH/3。

（2）前袖肥，取前AH值，画袖山顶点到袖窿斜线。

（3）后袖肥，取后AH+1cm，画袖山顶点到袖窿斜线。

（4）袖肘线（EL），SL/2+2.5cm。

（5）袖长线，由袖山顶点向下量取袖长尺寸。

（6）绘制袖山，如图将前AH分为四等份，取1/4长分别确定在前袖山底、后袖山斜线两侧；确定袖山抬高量、袖山底凹进量，完成袖山弧线造型。

（7）确定袖口弧线，完成袖基型轮廓线。

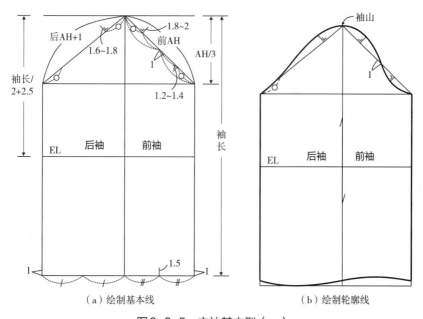

图3-3-5 衣袖基本型（一）

2．衣袖基本型结构的制图方法二 如图3-3-6所示。此种方法与第一种制图方法不同，表现为在衣身袖窿上配置衣袖，借用衣身袖窿底部造型来完成袖基本型的绘制，从中可进一步理解二者间的紧密关系。

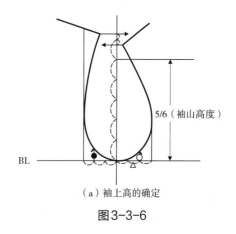

（a）袖上高的确定

图3-3-6

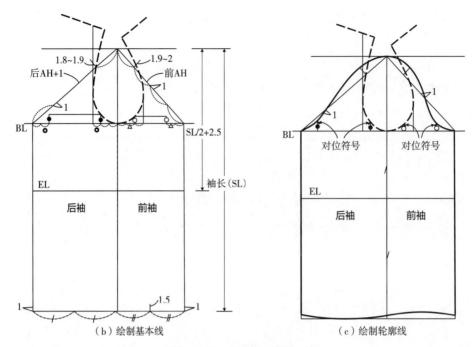

（b）绘制基本线　　　　　　　　　　（c）绘制轮廓线

图3-3-6　衣袖基本型（二）

四　主要部位结构分析

1. **袖山结构**　袖山指袖山顶点至袖山深线的曲线幅度，袖山幅度的高低制约着袖型的改变，对衣袖从宽松到贴体起到关键作用。

（1）袖山形状与人体的关系：人体上肢靠近肩部是一个曲面，臂根横截面似椭圆形，其周长最大，也称为上臂围（b），臂围加上一定的空隙量可确定袖肥；肩端至腋窝间的长度a是确定袖山高的依据，将上臂根线展开，加入肩部的吃势和一定松量，便能得到袖山的基本型，如图3-3-7所示。

（2）袖山高与袖窿的定位：依据手臂腋窝的水平位置，衣袖基本型可分为袖山高与袖管两大部分。为了穿着舒适便于活动，衣片的袖窿深线设置在人体的腋窝稍向下处，由于袖山深与袖窿的位置相对应，因此袖片也要在腋窝处稍向下量取袖山高以确定袖窿深线，袖窿深线可设置在腋窝下方2cm处，如图3-3-8所示。

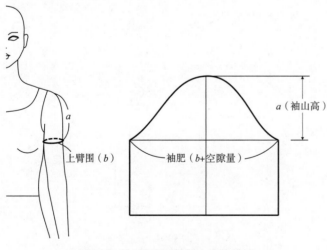

图3-3-7　袖山形状与人体的关系

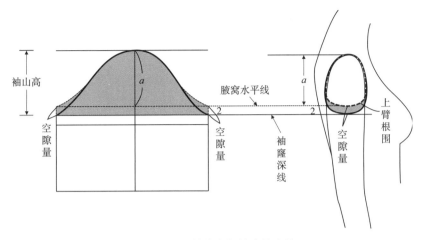

图3-3-8　袖山高与袖窿的定位

（3）标准袖山高的确定：袖山高的计算常以袖窿弧长（AH）为依据，经过长期实践和理论确认，标准袖山高的计算公式采用AH/3确定。之所以采用AH/3为袖山高，其意义在于构成的袖筒与衣身的角度接近45°，对照人体工程学，这种状态正好是人体手臂既不抬高也不悬垂的中间状态，如图3-3-9所示。

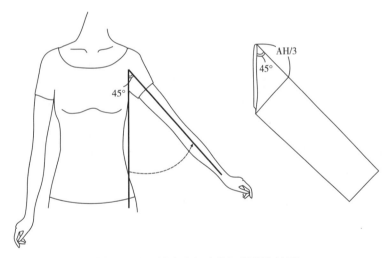

图3-3-9　袖山高与人体工程学的关系

当袖子贴体度、袖肥大小及袖窿深浅改变时，袖山也将随之变化，袖山是控制衣袖结构及风格的关键。袖山高的确定方法除了利用公式计算外，还可以采取作图的形式来完成。

2. 袖山高与袖肥

（1）袖肥的确定：袖肥大小的确定，首先应考虑手臂能进出袖子，通常其最小值要保证袖肥在容纳上臂围最大尺寸的基础上加放至少1cm的空隙量，将袖子展开成平面后再增加4~5cm的松量。若考虑人体的活动机能及款式的需求，其松量还可适当增加。

（2）袖山与袖肥的关系：袖山弧长的取值是通过AH值（袖窿弧长）得来的，这种配袖方法比较科学，可以确保衣袖与袖窿的吻合。原则上袖山弧长与袖窿弧长应该是相同的（暂

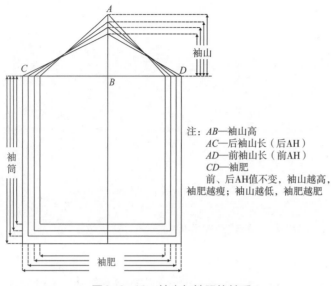

注：AB—袖山高
　　AC—后袖山长（后AH）
　　AD—前袖山长（前AH）
　　CD—袖肥
　前、后AH值不变，袖山越高，
袖肥越瘦；袖山越低，袖肥越肥

图3-3-10　袖山与袖肥的关系

不计算缩缝量），否则不能缝合，可这并不意味衣袖的造型只有一种选择，虽然袖山与袖窿的长度不能改变，但袖山深的取值在满足基本需求的基础上是可以变化的，从而导致袖肥也发生变化。

即：在AH值不变的情况下，袖山越高，袖肥越瘦；袖山越低，袖肥越肥，因此袖山与袖肥的关系成反比，如图3-3-10所示。

从袖山结构的立体角度看，袖山高制约着衣袖和衣身的贴体程度，袖山越高，衣袖就越瘦而贴体，腋下无多余褶皱，合身舒适，肩部造型鲜明，袖子外形美观，但不宜活动，适合于活动量不大的礼服、制服和较庄重的服装；反之，袖山越低，衣袖就越肥而宽松，腋下容易堆褶，肩部造型模糊而含蓄，但活动方便，更适合于活动量较大的便装。

3. 袖山高与袖窿的关系　通过上述分析，可了解到袖山与袖肥呈反比关系，但无论袖山与袖肥怎样变化，袖窿的形状并没有改变，严格地说这是不符合舒适和运动功能的，也不能达到较理想的造型要求。按照袖山高制约袖肥和袖贴体度的原理，它也应该对衣身的袖窿状态有所制约，因为袖子总是要与衣身缝合的，所以袖窿理应与袖山、袖肥的造型相匹配。

（1）袖山高低与袖窿深浅的关系：根据"合体度"对袖窿的制约规律，在选择低袖山结构（宽松袖）时，袖窿的深度应大、宽度应小，呈窄长形，袖窿弧线也随之变缓；相反，选择高袖山结构（合体袖）时，袖窿则越浅并贴近腋窝，其形状接近基型袖窿的椭圆形。

如图3-3-11所示为衣袖与袖窿的合理匹配图，从图中可以看出随着衣身的胸围放松量的逐渐增加，袖窿逐渐加深，肩斜线会随之抬高，肩端点的位置需向外移动，那么与此相对应的袖山部位也应随之进行调整，降低袖山高，增加袖肥和袖筒尺寸，服装整体造型从合体、严谨变为宽松、随意。

（2）袖山弧长与袖窿弧长的对应：为了使袖山造型饱满、圆顺，袖山要有适当的缩缝量。这个缩缝量的大小与以下因素有关。

①与袖山斜线倾角有关：袖山斜线倾角越大，袖子就越瘦，成型后的袖中线与袖窿夹角就越小，需要有足够的缩缝量，为使袖山饱满，缩缝量相应多些，反之可少些，缩缝量与袖山斜线倾角成正比。

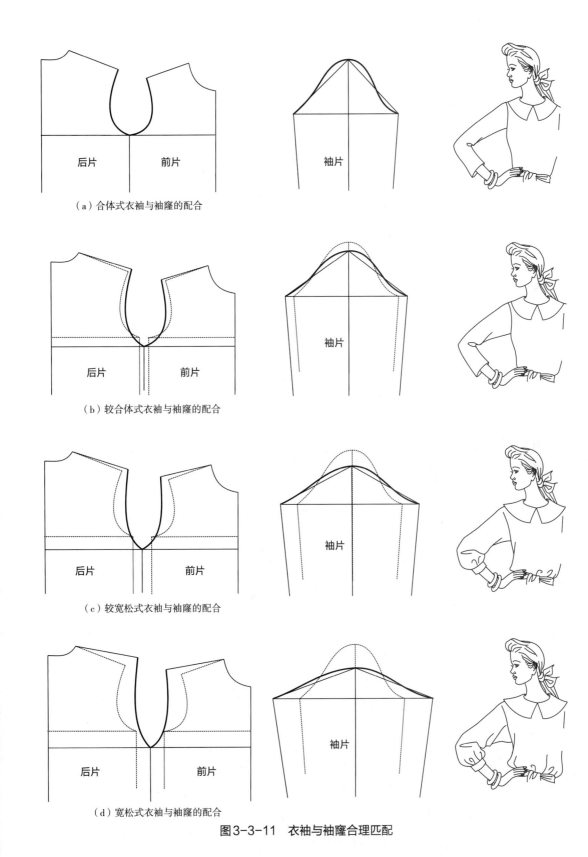

（a）合体式衣袖与袖窿的配合

（b）较合体式衣袖与袖窿的配合

（c）较宽松式衣袖与袖窿的配合

（d）宽松式衣袖与袖窿的配合

图3-3-11　衣袖与袖窿合理匹配

②与袖窿弧长有关：袖窿弧长与袖山弧长成正比，按比例计算，当袖窿弧长增加，缩缝量也就增大，因此缩缝量与袖窿弧长成正比。

③与面料的薄厚、织纹组织的疏密有关：较厚的面料，经、纬织纹组织疏松的面料，缩缝量应多些；轻薄的面料、织纹组织紧密的面料，缩缝量则少些。

④与垫肩厚度有关：垫肩越厚袖山头下部的凹陷越明显，则需有充足的缩缝量来补充，因此缩缝量与垫肩厚度成正比。

需要提示的是：这些缩缝量在袖山上不是均匀分布，而是袖山顶点两侧部位多些，其他部位较少，如图3-3-12所示。

4. 袖山弧线与袖窿底部弧线的对应关系 对于合体式袖型，要使衣袖装缝后与衣身吻合，除了袖窿与袖山的弧线比例正确、线迹圆顺外，还有一点比较关键：即衣袖的袖底与袖窿弧线的吻合。造型合体、平服的衣袖，其底部与袖窿弧线非常相似，呈吻合状，否则就会出现底部堆积余褶的现象，西装、套装袖型基本属于此类。造型宽松、肥大的袖型则底部不必吻合，形状上可以有较大的差异，如图3-3-13所示。

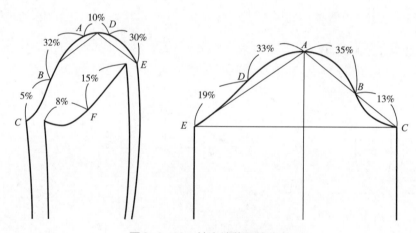

图3-3-12　袖山缩缝量的分布

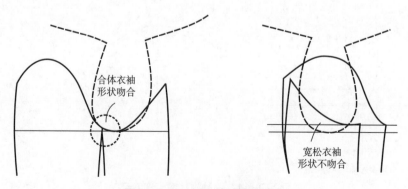

图3-3-13　袖山与袖窿的吻合

1. 袖肘省的变化及转移

（1）袖肘省的变化：在衣袖结构中，袖肘省可通过纵向、横向来确定，虽然收省方式不同，但其目的是一样的。

（2）手臂的形态及省量的产生：由于人体手臂自然下垂时呈前倾状态，如图3-3-14（a）所示，而袖基型的袖筒部分则不能满足此需要，采用袖肘省可以解决袖筒部分的合体问题。

（3）纵向袖肘省的绘制方法：如图3-3-14（b）所示。

（4）横向袖肘省的绘制方法：如图3-3-14（c）所示。

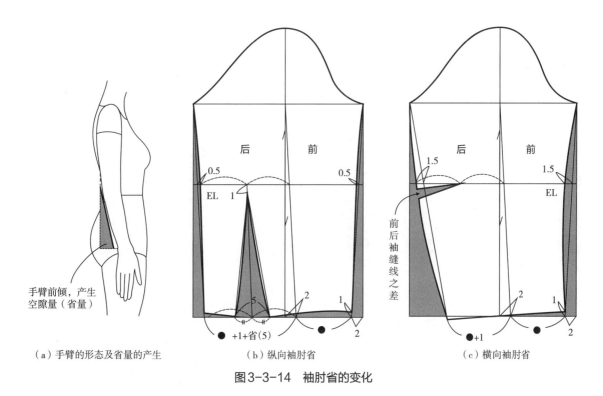

（a）手臂的形态及省量的产生　　（b）纵向袖肘省　　　　　　（c）横向袖肘省

图3-3-14　袖肘省的变化

2. 纵向袖肘省的转移　纵向袖肘省的长度较长，设置在袖口处，有时不符合款式要求，所以常被转移至侧缝处形成一个短而小的肘省。

袖肘省是可以转移的。手臂自然下垂时肘关节呈略凸起的状态，向前运动时，这种状态更为明显。既然有凸起，肘省就可以此凸起为中心任意作省的转移，和胸省的转换方法很相似。所以，利用袖肘省的转移可设计出多种袖型，如图3-3-15所示。

3. 袖山的变化　在袖子的基础样板上，采用分割展开的方法使袖山弧长增加一定的量，然后利用褶裥或抽缩等工艺手段，将袖山弧长增加的量缩至与袖窿的长度相等，当袖山与袖窿缝合后，会使袖子的外观产生变化。

在袖山的变化中，根据工艺手段的不同，表现为作省和抽褶两种，此外，在袖山省的基础上，又可以形成变体袖山。

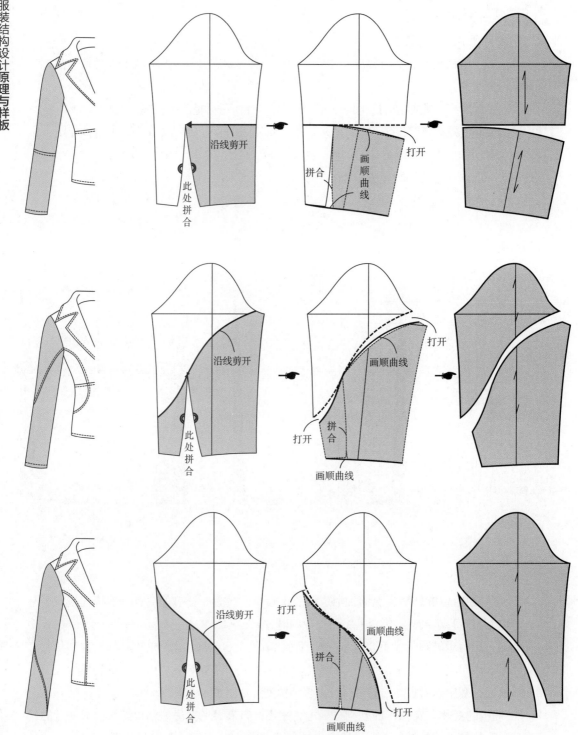

图3-3-15　袖肘省的转移

（1）袖山作省：绘制方法如图3-3-16所示。

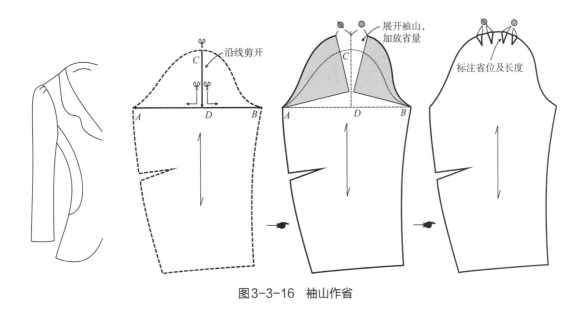

图3-3-16　袖山作省

（2）袖山抽褶：绘制方法如图3-3-17所示。

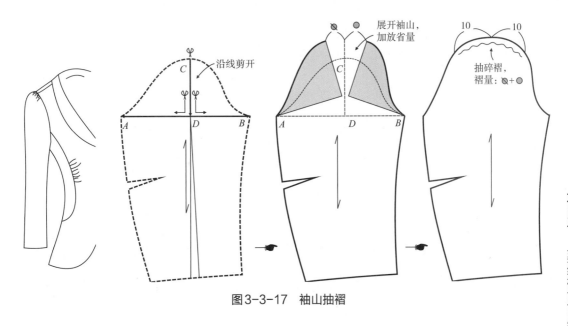

图3-3-17　袖山抽褶

（3）变体袖山：在袖山省的变化基础上，通过分割线的设计，又可形成变体袖山，绘制方法如图3-3-18所示。

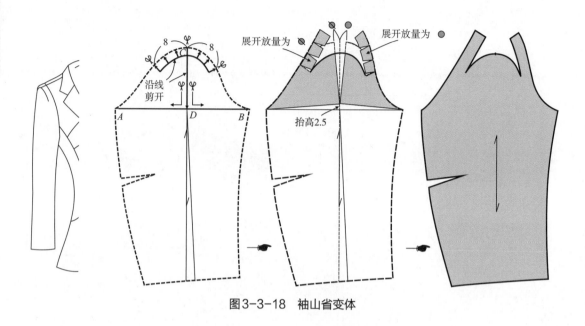

图3-3-18 袖山省变体

4. **袖管的变化** 袖管指袖山至袖口的一段筒形。

（1）袖管变化：

①夸张袖肘线上部分：利用分割展开袖管的方法对袖子的造型加以改变，可形成上松下紧的袖型结构，绘制方法如图3-3-19所示。

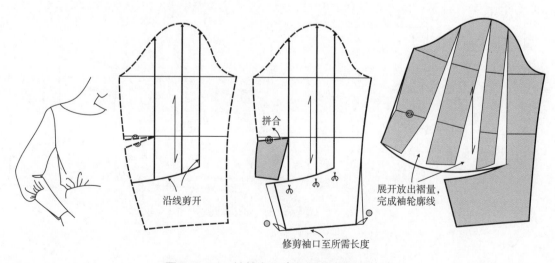

图3-3-19 袖管变化（夸张袖肘线上部分）

②夸张袖肘线下部分：夸张袖肘线以下的袖管，又可形成喇叭袖等，绘制方法如图3-3-20所示。

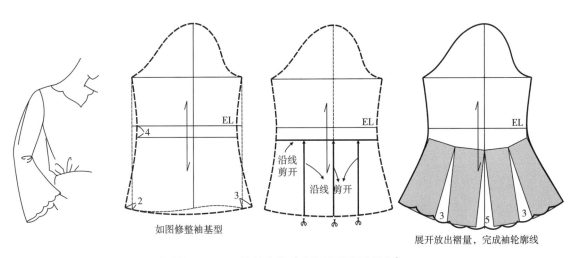

图3-3-20　袖管变化（夸张袖肘线下部分）

（2）袖口的变化：袖口的变化对于整个袖子的造型起着画龙点睛的作用。在袖口处可以采用多种变化方法，为了便于理解，将其归为三类。

①袖口开衩：在袖口处开衩主要体现功能性，虽然袖口收进符合人体手臂的造型，但穿脱起来很不方便，因此可在袖口处增加开衩以弥补这一不足，如图3-3-21所示。

图3-3-21　袖口开衩

②袖口抽褶：对于加放量较多、袖管较肥的袖子，为了造型的美观，可在袖口处打细褶，既满足了实用性，又体现了装饰性。常见的灯笼袖变化方法如图3-3-22所示。

③袖克夫：袖克夫是袖口变化经常使用的一种方法。人的日常行为离不开手的运动，手势能表达不同的情感，被视为人的第二表情，因此袖克夫在服装中也被视作继领子之后的第二视觉中心。袖克夫处理得好，能够起到以点带面的作用。

袖克夫的基本形状是直条形，对这一直条的变形，可以获得各种袖克夫的式样。袖克夫的设计，要从功能性和装饰性两方面来考虑。

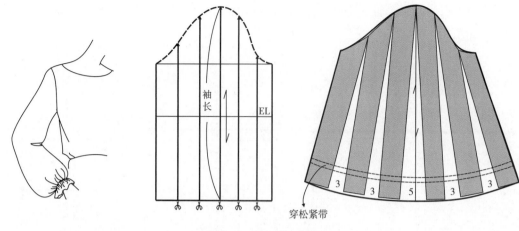

图 3-3-22　袖口抽褶

A. 图 3-3-23 是功能性较强的袖克夫。

B. 图 3-3-24 是装饰性较强的袖克夫。

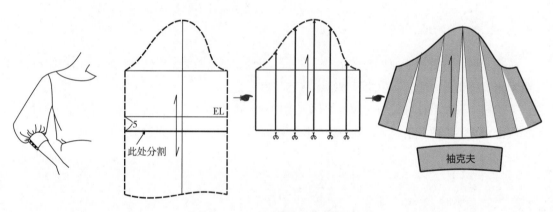

图 3-3-23　功能性较强的袖克夫

图 3-3-24　装饰性较强的袖克夫

　　在袖子的设计中，如果将袖山、袖管、袖口同时变化，或将其中的某两部分加以变化，就可以得到更多种的袖型。如图 3-3-25 所示，是将袖山、袖管、袖口同时变化的灯笼泡泡袖。

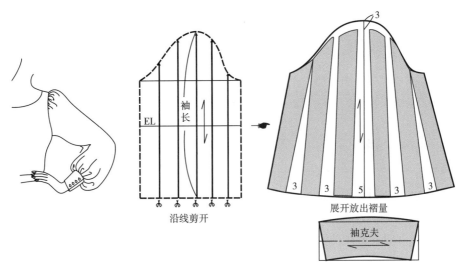

图3-3-25 灯笼泡泡袖

总之，无论袖子怎样变化，都是由袖山的高低、袖山弧线的长短、袖管的肥瘦和长短及袖口规格所决定的。

💡 **思考及练习**

1. 衣袖的分类方法及种类有哪些？
2. 掌握衣袖结构线的名称。
3. 衣袖的测量包括哪些部位？简述各部位的测量方法？
4. 掌握衣袖基本型的两种制图方法。
5. 制图说明袖山高与袖窿是如何定位的？
6. 袖山高的确定方法有几种？袖山与袖肥有何关系？
7. 阐述袖山高与袖窿的关系。
8. 掌握袖肘省的制图方法。
9. 掌握袖基型的变化方法。

⟳ 任务二 圆装袖结构设计原理与样板

● 任务描述

1. 掌握圆装袖的转换方法及要点。
2. 掌握圆装袖的直裁法。
3. 掌握男西装式圆装袖的制板方法。
4. 掌握男便装式圆装袖的制板方法。

任务实施

圆装袖，也称为两片袖，指袖子由大、小袖片两部分组成的袖型。在表现形式上分为合体型、宽松型两大类，常用于西装、套装、大衣、夹克等服装中。

一 一片袖转换法

由一片袖袖肘省的结构原理可知，合体的一片袖前、后袖缝长短差异随合体性增加而增加，过大的省量将破坏袖子的整体造型。若在前、后袖中线处，以互借的形式设置袖分割线，同时将袖肘省转换，而形成大、小两片圆装袖。此时，既可满足合体袖型手臂造型的要求，又不破坏外观的整体感，使袖型更加美观、丰满，转换方法如图3-3-26所示。

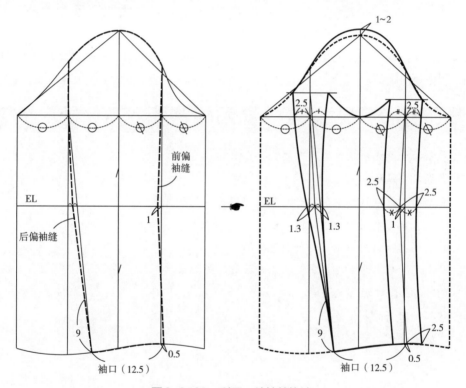

图3-3-26　利用一片袖转换法

制图要点：

（1）设置前、后袖缝辅助线位置：在一片袖基本型袖山深线上，分别找到前袖肥中点和后袖肥中点，引垂线交于袖山弧线及袖口线。

（2）设置前、后袖互补量（2.5cm）：互补量的取值决定着大、小袖缝的位置，设置时既要考虑其功能性也要注意其美观性，常用的互补量为2~3cm。

（3）设置袖口大：以前偏袖缝0.5为基点，向后袖缝量取袖口大值（12.5cm），大片袖口前袖缝处外放互补量、小片袖口前袖缝处收进互补量。

（4）设置新袖山高：在袖基本型的袖山处抬高1~2cm，以保证衣袖与衣身贴体的造型状态，增加袖山吃势，确保袖山饱满。

从结构图中可以看出，采用互借的方法是设计的精髓所在，即在一片袖的前、后片上设置两条公共边线，这两条公共边线应符合手臂自然下垂弯曲的要求，然后以该线为准，大袖片增加的部分在小袖片上减掉，从而产生了大、小袖片。需要注意的是，不论怎样的互借关系，都要保持袖山完整、流畅，袖型合理、适体。

二 两片袖直裁法

利用直裁法绘制两片袖时，需先测量出衣身前、后袖窿弧长（AH）的值，然后利用 AH/3 确定袖山高，通过在袖山斜线上截取前、后 AH 值来确定袖肥，绘制方法如图 3-3-27 所示。

三 男西装的圆装袖

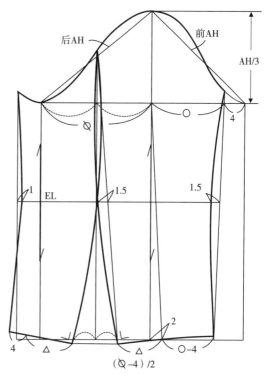

图 3-3-27　两片袖直裁法

男西装袖是以袖窿弧长（AH）和袖长为主要制图依据，设袖长为 59cm、AH 为 54cm，其制图方法如图 3-3-28 所示。

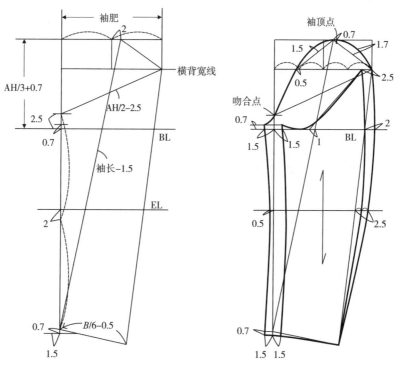

图 3-3-28　男西装的圆装袖

男西装袖结构是按照人体腋窝和手臂形态设计的，它端庄严谨，完全表达出人体自然美，除适合各类西装使用外，亦适合制服、学生装、大衣类服装使用。

四 男便装的圆装袖

男便装圆装袖的袖型应用于宽松、易于活动的服装款式中，如简易便装、夹克、职业工装等，在袖口处适宜配以袖口布或松紧布。其制图方法如图3-3-29所示。

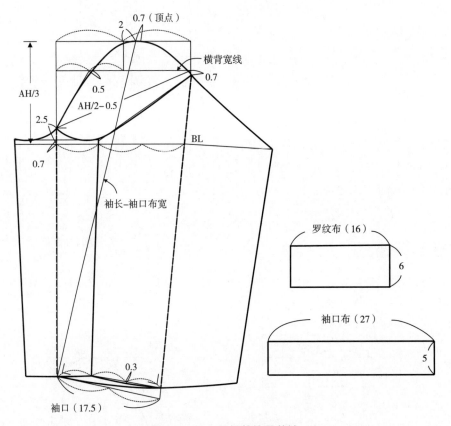

图3-3-29　男便装的圆装袖

思考及练习

1. 利用一片袖样板完成圆装袖的转换。
2. 利用直裁法完成圆装袖的结构样板。
3. 完成男西装袖的结构样板。
4. 完成男便装袖的结构样板。

任务三 连身袖结构设计原理与样板

• 任务描述

1. 掌握连身袖的种类。
2. 掌握连身袖的基本结构绘制。
3. 掌握连身袖的结构设计原理。

• 任务实施

连身袖，指衣片的某些部分与袖子连成一个整体的袖型，即在衣身的前、后正面看不到袖子与衣身组合的分割线，或仅有袖窿/2到下摆纵向、斜面分割线的袖子，也称为借袖。由于衣身与袖组合的特性，连身袖肩端部为自然弧线，使衣袖产生柔和、自然的美感。

一 连身袖的种类

按袖中线与水平线的夹角可分为：宽松型（0°~21°）、合体型（22°~40°）、贴体型（41°~60°）。

按前、后袖片的关系可分为：前后相连型（无袖中缝）、前后分离型（有袖中缝）。

按腋下的造型可分为：无插角、有插角。

二 连身袖基本结构

以21°连身袖为例（人体肩斜度约为21°），袖中线可在肩斜线的延长线上确定。这种连身袖的袖肥较大，穿着较为舒适，且腋下的皱褶较多，是经常采用的连袖形式，制图方法如图3-3-30所示。

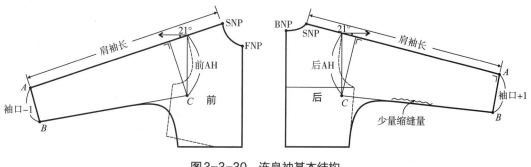

图3-3-30 连身袖基本结构

制图要点：

（1）设置袖中线：延长小肩线，依据肩袖长尺寸确定出袖中线长度至A点。

（2）设置袖深线：作肩端点垂线至C点，肩端点至C点的距离为 AH 的长度。

（3）确定袖口大：通过A点作垂线至B点，间距为袖口大。

（4）绘制袖窿线：连接BC点，作为袖窿基础线，完成弧线造型时可根据凹势深浅灵活掌握。

（5）完成轮廓线的绘制。

（6）后袖的画法与前袖基本相同。

三 连身袖的结构设计原理

以一片式圆装袖结构为基型，沿袖中线将前、后袖片分离，取前袖片的袖山顶点与前衣片的肩端点重合，由于连身袖与衣片连裁，缺少了装袖的袖山、袖窿结构，也就不可能有袖山和袖窿的契合关系，这就成为连身袖结构的独特之处。因此，连身袖结构设计的要点主要集中在以下两点。

1. **连身袖袖中线倾斜角度，夹角的调控** 衣身肩线与袖中线的相交角度的调控决定着连身袖肩部造型，同时也成为影响连身袖合体度及手臂运动功能的主要因素。

（1）宽松式连身袖：当衣身肩斜线的延长线与袖中线形成的夹角在 20° 以内时，衣身袖窿弧长与袖山弧线之间存在着较大间隙量，为保证服装结构的连体性，修顺侧缝线与袖内缝线即可，此时连身袖呈宽松状态，手臂具有良好的运动功能。手臂自然下垂时，肩部与腋下产生皱褶，肩部则有一定的紧绷感，如图3-3-31所示。

（2）合体式连身袖：当小肩线与袖中线的夹角在22° ~40° 之间，衣身袖窿弧长与袖山弧线之间的间隙量减少，腋下的重叠量增加，此时连身袖呈合体状态，如图3-3-32所示。

（3）紧身式连身袖：当小肩线与袖中线的夹角继续加大，控制在41° ~60° 之间，衣身袖窿弧长与袖山弧线之间的间隙量直至消失，腋下的重叠量进一步扩大，此时连身袖呈贴体状态，如图3-3-33所示。

2. **腋下活动量的补缺，插角的设计** 由于连身袖中线夹角的增大，腋下重叠量的增加，袖内缝的长度则会大大减小，使手臂的活动性机能减弱，因此需要切开腋下部分，展开腋下重叠量，另外插入袖裆结构（插角）以弥补袖内缝的长度，使腋下部分得以放松，确保手臂的运动自如。腋下插角的设计，目的是解决合体式及紧身

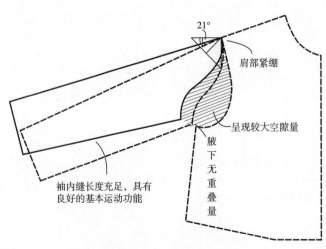

图3-3-31 宽松式连身袖

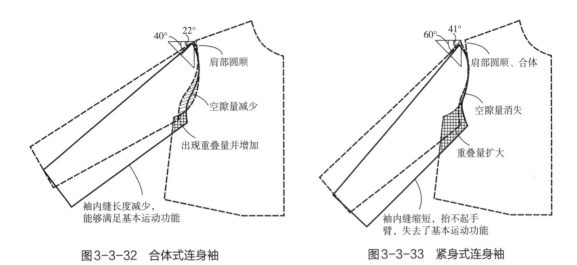

图3-3-32 合体式连身袖

图3-3-33 紧身式连身袖

式连身袖服装腋下穿着的舒适性、合体性与运动功能性间的矛盾，如图3-3-34所示。

插角有整片与两片之分，两片式插角又可分为垂直式、水平式两种，绘制方法如图3-3-35所示。

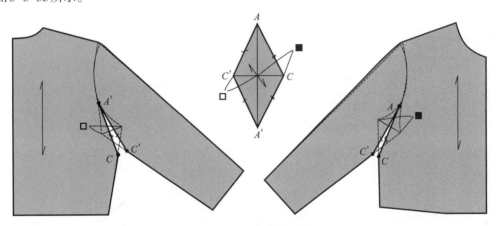

图3-3-34 插角的设计

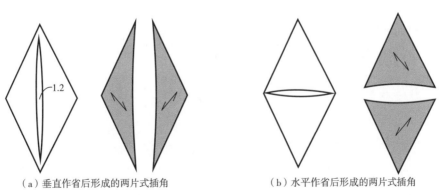

（a）垂直作省后形成的两片式插角　　　（b）水平作省后形成的两片式插角

图3-3-35 两片式插角

1. 掌握连身袖的制图方法。

2. 连身袖中线倾斜角度对服装衣袖有何影响？如何调控夹角？

3. 连身袖腋下插角有何作用？如何设计？

↻任务四　插肩袖结构设计原理与样板

• 任务描述

1. 掌握插肩袖的分类。

2. 掌握合体式插肩袖的结构绘制。

3. 掌握插肩袖的结构设计原理。

• 任务实施

插肩袖是一种借肩设计，是肩部与衣袖相连的袖型。其外观造型美观、大方，肩线自然、流畅，宽松舒适、穿脱方便、活动自如。

插肩袖在结构设计上有着连身袖的普遍规律，又有圆装袖的结构特点，衣袖的宽松与贴体取决于肩端点水平线与袖中线夹角的倾斜角度，由此可见，插肩袖隶属于连身袖范畴。

一　插肩袖的分类

插肩袖形式多样，变化非常丰富，被广泛地应用于服装设计中。

根据片数可分为：一片插肩袖、两片插肩袖、三片插肩袖。

根据插肩形态可分为：斜线插肩袖、弧线插肩袖、横线插肩袖。

根据插肩可分为：全肩式插肩袖、半肩式插肩袖。

根据腋下袖窿造型可分为：方角插肩袖、圆角插肩袖。

二　合体式插肩袖的结构设计

合体式插肩，指插肩袖成型后所呈现的中间状态，既不十分贴体也不很宽松。其结构设计方法如图3-3-36所示。

制图要点：

（1）确定袖中线倾斜角度：首先水平延长肩端点1.5cm，作为肩厚度的松量，以此点作边长为10cm的等腰直角三角形，如图所示作出角平分线（45°），并延长此线为袖中线。

（2）确定袖山高：利用两片袖袖山高的取值方式（AH/3），从新肩端点沿袖中线量至所需长度并作垂线交于袖窿。

（3）确定袖肥：按照款式设计的要求，调整前身片袖窿开度及深度，确定前腋点位置；以此为基准点作对称反射，交于袖山深线以确定袖肥。需要强调的是此部分长度相同、弧度相似、方向相反。

（4）设置插肩分割线：插肩分割线可设计成斜线、横线、曲线等形状，具体造型应根据款式要求确定。

（5）确定袖口：袖口线与袖中线垂直，通常前袖口等于或略小于后袖口。

（6）相关结构线的吻合：相关结构线包括侧缝线、前后袖中线、前后袖内缝线等，每组结构线的长度应相等。

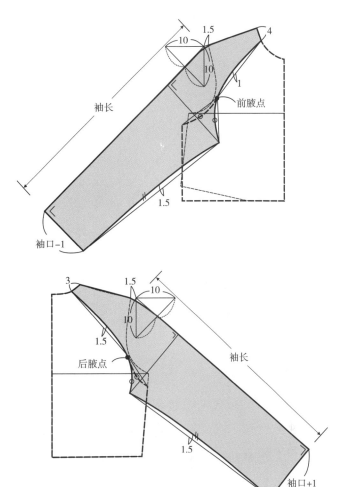

图3-3-36　合体式插肩袖的结构设计

三 插肩袖结构设计原理

在服装结构设计中任何造型的衣袖，都是以袖窿尺寸为依据，无论是合体造型还是宽松造型，所设计的衣袖结构必须与身型的袖窿尺寸相吻合。在插肩袖结构中也不例外，需掌握其基本原理，把握好袖与身型的关系，确定袖山的高度、调整袖中线倾斜角度及设置插肩分割线形式等因素，是决定插肩袖外观造型、控制人体手臂运动舒适度的关键。

1. 插肩袖袖山高的确定　袖山高是制约插肩袖结构的基本因素，插肩袖与圆装袖具有相同点，即袖山高制约着袖子的结构。在绘制圆装袖时可知，圆装袖造型中袖山的高低影响着袖子的肥度，袖山高越低，袖肥越肥，而袖腋下线随着袖山的增高变短，这个原理也同样适用于插肩袖结构。在合体式插肩袖的基础上，改变袖山高就可以改变袖肥的贴体度，即增加袖山高，袖肥减少，袖腋下线变短，衣袖呈贴体状；反之，减少袖山高，袖肥加大，袖腋下线增加，衣袖呈宽松状，如图3-3-37所示。

贴体的袖子外观造型美观无皱褶，但穿着时会因其缺少手臂的活动空间而感到不舒适；

相反，宽松的袖子穿着时活动的空间大，舒适性好，但当手臂自然下垂时衣袖则呈现出许多褶皱，之所以这样，腋下重叠的多少是关键影响因素。图3-3-37的腋下重叠可表明，袖山低，重叠量大；袖山高，重叠量小。

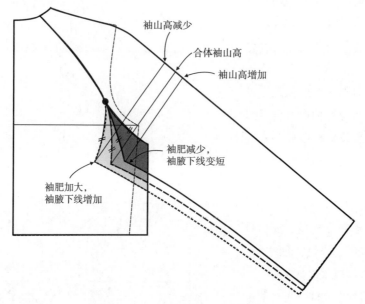

袖山高减少
合体袖山高
袖山高增加
袖肥减少，
袖腋下线变短
袖肥加大，
袖腋下线增加

图3-3-37 插肩袖袖山高的确定

2. 袖中线的倾斜角度 要解决贴体式插肩袖的外观造型及穿着舒适度还需考虑另一个因素：袖中线的倾斜度。

在插肩袖结构中，袖中线的倾斜角度制约着袖子的造型，袖子与身型肩点的角度不但影响袖与身型的造型状态，同时决定着人体的活动空间。在确定角度之前，首先考虑人体肩点与臂部的关系，当手臂自然下垂时，臂部与肩点呈现一定厚度，当人体手臂抬起至叉腰状态时，此时的厚度会相对变小，但在绘制纸样时，此部位的尺寸不能省去，其数值可根据款式的需要确定，通常在0.5~2cm之间。

通常，将合体式插肩袖的袖山与身型的角度定为45°，这是因为人体叉腰时，其手臂的倾斜度约为45°。根据此原理，合体式插肩袖的袖中线常采用45°的倾斜度，此角度制成的纸样既能保证外观造型的美观性，又能保证穿着的舒适性。如需增加活动量，减少倾斜角度即可；反之，如需强调外观造型的美观，忽略其活动量的需求，则可加大倾斜角度，如图3-3-38所示。

袖中线的确定还需要考虑人体手臂下垂时自然前倾的因素，后袖片的倾斜角度应小于前袖片，所以后袖片的倾斜角度需在前袖片倾斜角度的基础上上提1cm。

3. 设置插肩线的分割线 插肩线常以衣身前、后腋点作为分割的控制点，以此点将插肩线分成上、下两部分，而且两部分在结构设计上具有不同的规律：

（1）插肩线上方的形态：通常按服装款式进行设置，可以是斜插肩式、半插肩式、横插肩式、过插肩式等，如图3-3-39所示。考虑到人体向前运动，前胛骨处凹陷，为了合体插肩袖型的美观，可以将省处理在插肩线中；宽松式插肩袖，省的作用减弱，可以不考虑。

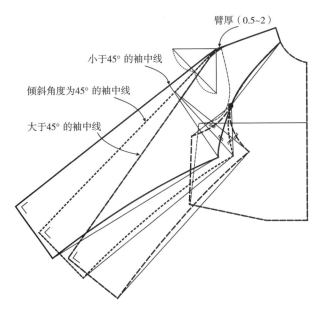

图3-3-38　袖中线的倾斜角度

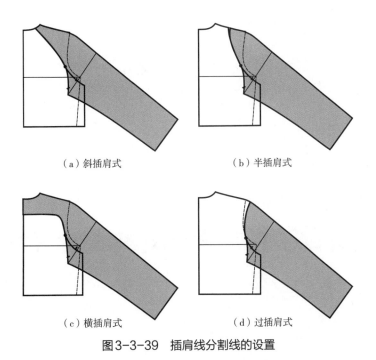

（a）斜插肩式　　　　　　　　　　（b）半插肩式

（c）横插肩式　　　　　　　　　　（d）过插肩式

图3-3-39　插肩线分割线的设置

（2）插肩线下方的形态：肩胛骨和手臂是人体上肢运动的关键点，尤其在人体腋点以下，活动的摆幅更大。插肩袖的插肩线下方的结构设计遵循圆装袖的结构设计规律，如图3-3-40所示。

①合体式插肩袖：前袖窿底弧线曲率大于后袖窿底弧线曲率，袖山底弧线与袖窿底弧线形态完全一致。

②宽松式插肩袖：袖窿深度增加，袖窿底弧线曲率变小，袖山底弧线曲率也相应变小。前袖窿底弧线与前袖山底弧线、后袖窿底弧线与后袖山底弧线的差异变小。

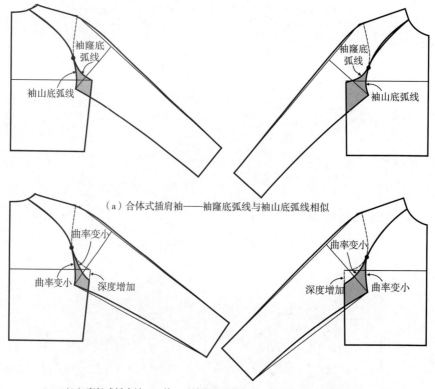

（a）合体式插肩袖——袖窿底弧线与袖山底弧线相似

（b）宽松式插肩袖——前、后袖窿底弧线与前、后袖山底弧线差异变小

图3-3-40　插肩线下方形态

思考及练习

1. 插肩袖如何分类？
2. 完成合体式插肩袖结构样板的绘制。
3. 插肩袖的袖山高如何确定？
4. 简述插肩袖袖中线倾斜角度的作用。
5. 插肩袖肩部分割线的设置依据是什么？

任务五　衣袖的款式变化实例

● 任务描述

1. 掌握分割式一片袖结构样板的绘制。
2. 掌握连身式蝙蝠袖结构样板的绘制。
3. 掌握插角式、分割式连身袖结构样板的绘制。
4. 掌握盖肩式、褶裥式插肩袖结构样板的绘制。

● 任务实施

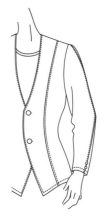

一　袖中线分割式一片袖

　　袖中线分割式一片袖是在一片袖的基础上进行变化，分割袖中线时需在中线外凸0.5cm，同时在袖山顶点中线两侧各收进1.5cm，其目的是为了使衣袖更好地符合人体手臂外部造型，制图方法如图3-3-41所示。

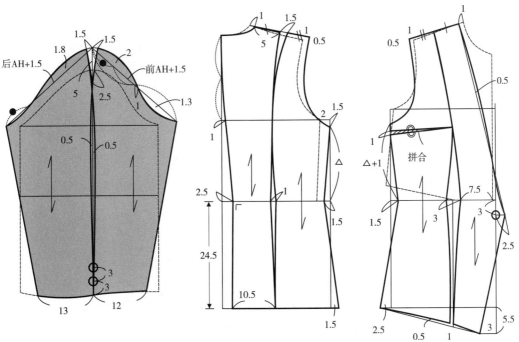

图3-3-41　袖中线分割式一片袖

项目三　上装结构设计原理与样板

143

二 连身式蝙蝠袖

连身式蝙蝠袖造型是通过小肩线的延长线做相应的控制量来确定袖长，使袖中线与小肩线呈一定的倾斜角度，此类连身袖的优点是穿着舒适、活动方便，但手臂下垂时在腋下会产生很多皱褶，制图方法如图3-3-42所示。

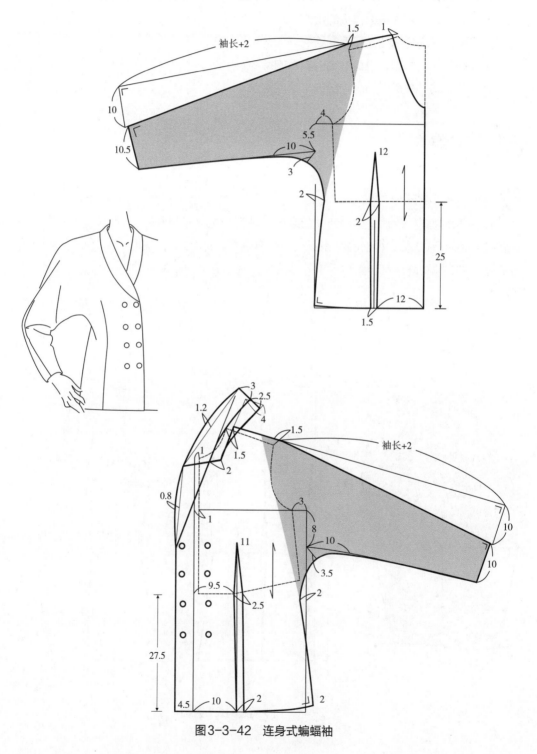

图3-3-42 连身式蝙蝠袖

在连身袖腋下补插角是为了解决腋下过紧、缓解手臂上抬时活动受限而设计的，插角的设计及绘制方法是此款衣袖的学习重点，制图方法如图3-3-43所示。

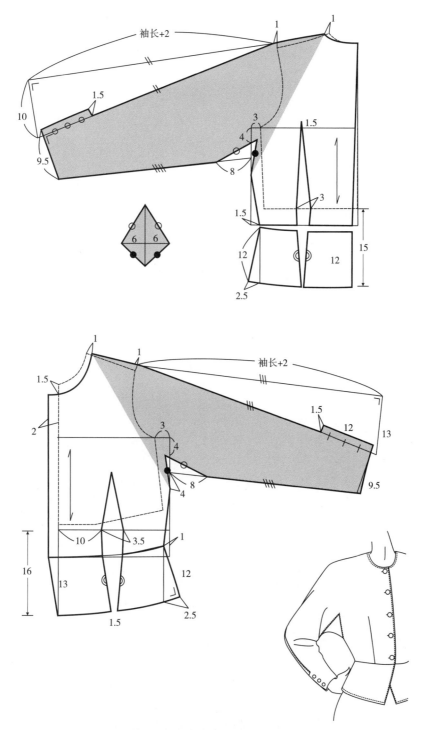

图3-3-43 腋下补插角式连身袖

四 衣身分割式连身袖

衣身分割是连身袖变化的常用手段，通过衣身分割改变腋下过紧、手臂抬不起的弊病现象，替代插角作用，制图方法如图3-3-44所示。

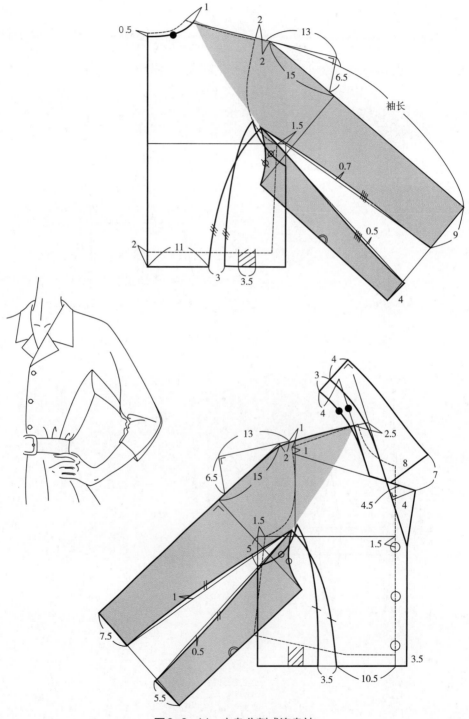

图3-3-44 衣身分割式连身袖

盖肩式插肩袖常用于宽松式服装，衣袖的结构配置方法如插肩袖基本型，通过衣身的水平分割改变插肩线斜线的造型，使其外观呈现盖肩效果，制图方法如图3-3-45所示。

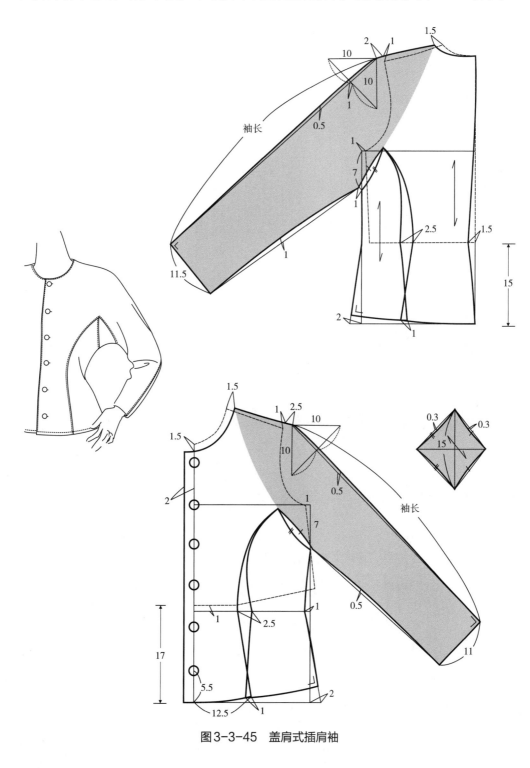

图3-3-45　盖肩式插肩袖

六 ▶ 褶裥式插肩袖

褶裥式插肩袖是在插肩袖基本型的基础上通过展放加入了褶裥，使其尽显华丽的风格，制图方法如图3-3-46所示。

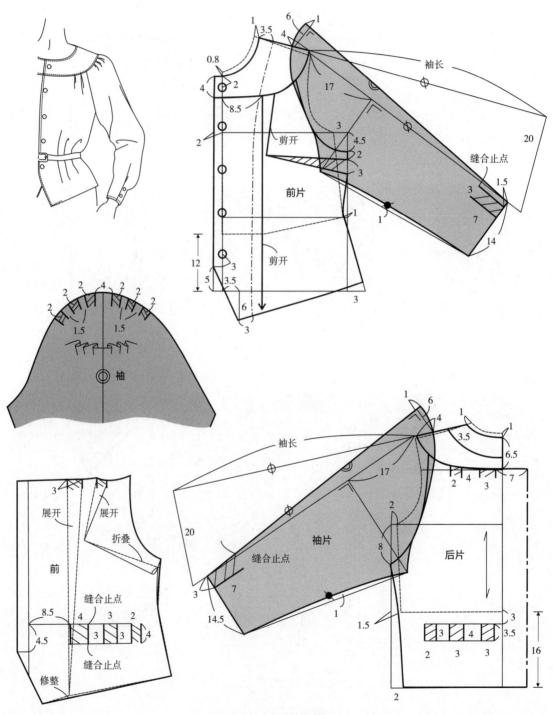

图3-3-46　褶裥式插肩袖

思考及练习

1. 完成分割式一片袖结构样板的绘制。

2. 完成连身式蝙蝠袖结构样板的绘制。

3. 分组完成插角式、分割式连身袖结构样板的绘制。

4. 分组完成盖肩式、褶裥式插肩袖结构样板的绘制。

项目四
服装成品样板实例

模块一 服装款式造型的结构分析

教学目标

终极目标：利用服装结构设计原理、技术，完成男、女各类服装成品纸样的制板。

促成目标：

1. 学会审视分析服装效果图。

2. 掌握不同款式、不同功能服装的尺寸规格设置。

3. 利用相关原理、制图方法及技术完成不同款式服装的样板设计。

教学任务

1. 掌握服装款式造型的审视及分析方法。

2. 掌握常规款式服装成品的纸样制板。

3. 掌握变化款式服装成品的结构制板。

4. 掌握服装部位的吻合关系。

5. 掌握服装组合与款式造型均衡性设计的关联。

任务一 服装款式造型结构分析概述

任务描述

1. 了解服装款式造型审视分析的作用。

2. 掌握服装效果图审视的类别。

3. 掌握服装结构关系分析的依据。

•任务实施

服装款式造型结构分析是将具有立体效果的款式图准确转化成平面结构图的首要环节，是服装结构设计的重要组成部分。因此，在配置服装结构图之前，要对服装款式造型的各种表达形式加以审视，分析款式造型呈现出的风格特色、功能属性，剖析款式造型的材质组成及加工工艺等，从而确定款式造型结构的构成形式、各部位部件的比例关系、结构线形状及吻合形式，为精准、快捷地完成款式结构制图奠定基础。

一　服装款式类型的判断

服装款式效果的表达形式多样，有来自设计人员所绘制的服装效果图、T台模特儿的走秀照片、媒体宣传的服装图片等。进行造型分析应首先将各类型的款式加以判断、分类，从而使分析结果更加准确、客观。

1. 服装效果图的分析　服装效果图又叫时装画，它来源于设计者设计意图的纸面绘画，其表现形式可分为具实型效果图和艺术型效果图两大类。

（1）具实型效果图：多采用7.5~8头身比例的服装人体绘制。在服装穿着效果、结构关系和工艺处理等方面的表达较实际、准确，能够直观地反映款式的特点和各部位的相互关系，是制板师进行结构设计较为理想的效果图。

（2）艺术型效果图：多采用9~12（或更多）头身比例的服装人体绘制。为突出画面的艺术效果，常采用夸张、渲染、虚笔等表现手法，使画面更为生动，从而体现设计师的画风、个性及艺术性。要把握这类效果图的真实造型结构，需要从艺术角度去理解图中表现形式的内涵，根据客观规律和实践经验处理相关部位的结构关系。

2. 照片、图片的分析　时装发布现场上模特儿走秀的照片，服装网站、时尚刊物杂志等媒体获得的图片也可以作为款式表达的形式。

效果好的照片、图片具有画面清晰、真实、立体感强等特点，能够准确表达款式的轮廓造型、设计风格、面料质感，甚至款式结构内部的省位、分割、褶裥亦清晰可见。

瞬间拍摄的照片或品质不好的图片则缺乏服装的整体感，款式结构模糊，受光线明暗的影响面料的质感很难体现，内部结构中的细节辨别不清等。对于这类资料则需仔细甄别、认真揣摩，或是将此类资料绘制成效果图、款式图再进行分析。

二　服装结构关系分析的依据

分析服装结构关系是服装结构设计的第一步，是服装制板师对服装效果图表象的仔细观察、审视并进行系统分析，从而充分理解设计作品的内涵，准确将具有立体感特性的效果图转化成平面结构图的重要设计过程。可以依据以下五点进行款式分析。

1. 依据服装款式廓型类别进行分析　服装款式廓型是指忽略其内部结构，在背景的衬托下所看到的服装的外部轮廓。款式分析是一项比较细化的工作，面对服装款式效果图，制板师首先要将图稿进行服装造型分类。

通常情况下，服装外轮廓造型可分为A型、V型、O型、H型和X型或是两型组合等，如图4-1-1所示。分析效果图中的服装款式所显示的廓型类别是效果图审视工作中最先考虑和最易解决的问题。

图4-1-1　服装外轮廓造型

2. **依据服装款式功能属性进行分析**　服装的功能属性是指服装本身所具有的功能和作用，也是服装效果图表象直接反映的内容。主要指款式属于何种类型，是表演装还是实用装，是生活、休闲运动装还是职业装，是内衣还是外衣，是单衣还是夹衣等；何时何地穿着，所适应的年龄范围等。这些功能和属性有些可以直观清楚地体现，有些则需要认真推敲。

3. **依据服装款式规格进行分析**　为了确保服装款式造型设计的意图，根据效果图中服装的款式风格、服装与人体的贴体度判断其空隙量，确定服装放松量及号型规格；根据效果图中服装与人体的长度比例关系，确定服装的长度规格；根据效果图中服装各部位之间的比例关系，确定服装各部位的细部尺寸。

在企业的批量生产中，应根据国家颁布的统一号型规格标准制定产品的系列规格。在小批量生产或单件服装制作中，可以因人而异地制定特定的尺寸规格。

除上述分析外，服装款式所选择面料的质地因素在服装款式规格的确定中也不能忽略。

4. **依据服装结构关系进行分析**　通过效果图中衣领、衣袖、衣身等主要部件的特征及相互组合形式，来分析判断服装的结构形式。

为了便于理解及掌握，我们举例分析——如图4-1-2所示的服装为平驳领、双排扣、圆装袖、X型中长式风衣。

（1）衣领结构：衣领是翻驳领，领上口线呈V形状态，在衣领的结构中，领下口线与衣身领口一定是凸凹互补吻合关系，这种领型可以关闭、敞开两用，适合风衣的功能需要。

（2）门襟结构：此风衣为双排扣门襟，通常搭门宽8cm左右，这种结构设计增加了此款风衣遮风挡雨的功能性。

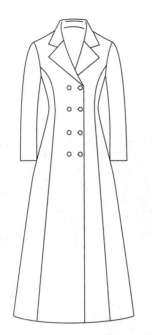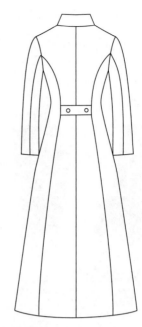

图4-1-2　X型中长式风衣

（3）衣袖结构：从服装款式风格及其与人体的贴体程度判断，衣袖的结构类型为两片式圆装袖，袖长超过一般袖长1~2cm。在衣袖组合时，袖山弧线的长度较袖窿大2.5cm左右。

（4）服装廓型：X廓型衣身采用公主线结构，在侧缝处进行了收腰和扩展下摆的结构设计。这种设计既满足了服装艺术设计的美感要求，又进一步强调了款式本身的功能性特征。

5. 依据工艺处理形式进行分析　服装结构设计与制作工艺是密不可分的，有些部位的结构需通过工艺处理作补充，因此对服装效果图审视还需要考虑服装工艺处理技术。

分析工艺处理形式主要表现在裁剪时各部位缝份、贴边的处理，所采用的缝制工艺手段，是否需要归拔处理等。例如，缉明线的部位按明线宽度的工艺要求，缝份加放处理不同于普通的缝份加放。又如，根据服装款式类别、功能等，准确判断各部位采用哪种工艺形式来完成服装的缝制等。

总之，科学准确地审视服装效果图是实现服装款式造型设计理想效果的前提，是服装结构设计师所必须具备的专业技术素质。

💡 **思考及练习**

1. 对服装款式造型进行审视分析有何作用？

2. 如何分析服装效果图、图片（照片）？

3. 服装款式结构分析的依据有哪些？

任务二　服装部位的吻合及组合

• 任务描述

1. 了解服装部位的吻合关系。
2. 掌握衣领与领口的吻合。
3. 掌握袖山与袖窿的吻合。
4. 了解结构线的设计对服装部位组合的影响。

• 任务实施

服装部位的吻合关系是部位之间的相关特性，是分析服装结构设计的重要技术内容。分析服装部位的吻合需从相关结构线的吻合和相关部位的吻合两个方面入手。

相关部位：指处于服装同一位置、形状差异较大、需要通过加工而组合在一起的部位。例如，袖山与袖窿、领下口线与领口等都是相关部位。

相关结构线：指处于服装同一部位，需要通过加工而组合在一起的结构线。例如，上衣中前后衣片的侧缝线、肩缝线等都是相关结构线。

一　衣领与领口的吻合

1. 相关部位的吻合　相关部位的吻合属形态吻合范畴，是实现服装款式造型设计的关键。例如，当连翻领的领下口线前部造型与衣身领口为凸凹吻合时，穿着后领上口线的前部为V形直线状态。

实践证明，前两者的凸凹互补吻合状态愈强，领上口线愈直；当领下口线的前部与衣身领口呈凹凹相对吻合时，穿着后领上口线的前部为圆形状态，这种状态会随领下口曲线弯度的增大而增强，同时领座变得更低。

2. 相关结构线的吻合　在衣领结构中，衣领的领下口线与领口线是相关结构线。相关结构线的吻合属数量吻合范畴。在领衣配置时，根据面料的薄厚不同，领下口线应较前、后衣身领口线短0.5~1cm，装领时在领口的斜纱处作吃缩缝合。这样设计可使衣身领口处平服，衣领造型更符合人体穿着舒适性的生理需求。

二　袖山与袖窿的吻合

根据人体肩、臂部的形态及其活动特点，要求成品服装的袖山处应是圆顺丰满的造型，而这种造型效果决定于衣袖配置时袖山与袖窿的合理吻合状态。

1. 相关部位的吻合　一般情况下，在衣袖的结构设计中，衣袖的袖山曲率要大于衣身的袖窿曲率，袖底曲率与衣身相对部位的袖窿曲率相近或相同。只有这样，才能确保服装部位形态吻合的一致性以及服装穿用的合体性、舒适性。

2. 相关结构线的吻合　袖山弧线与袖窿弧线是相关结构线，两者在数量上的吻合关系更是决定服装成品袖山圆顺造型丰满的关键因素。正常情况下。袖山弧线的长度大于袖窿弧线的长度，两者的差量作为袖山造型所需要的吃缩量。在结构设计时，两者差量的设计主要根据服装款式造型的需要以及服装所选用面料的薄厚而定。例如，薄料衬衣的袖山弧长较袖窿弧长大1~1.5cm，毛料西装的袖山弧长较袖窿弧长大2.5~3.5cm等。

在服装部位的吻合关系中，相关部位的形态吻合是通过相关结构线的数量吻合来实现的。相关结构线的数量吻合是处理各部位结构关系的重要因素。在服装结构设计中，相关结构线的数量吻合存在两种形式：

（1）相关结构线以完全等长或基本相等的状态吻合，如背缝、前后衣身及裤裙的侧缝等结构线的吻合。

（2）相关结构线的一方需要通过工艺加工手段使其改变长度，达到与另一方在数量上的吻合状态，如袖山弧线与袖窿弧线的吻合、男西装衣身结构中后肩缝线与前肩缝线的吻合等都是这种情况。

三　服装部位的组合

在服装结构设计中，通过相关部位的形态吻合、相关结构线的数量吻合等技术手段来实现服装部位的优化组合是服装构成的重要方面。除此以外，还有一些要素不可忽视。

1. 结构线设计对服装部位组合的影响　结构线指能引起服装款式造型变化的服装部件外部轮廓线和内部缝合线。例如，止口线、领口线、底边线、省缝线、侧缝线、袖山线等。

（1）结构线形态与服装款式廓型：结构线的形态变化能够引起服装款式廓型的变化。例如，当前、后衣身的侧缝线和后衣身的背缝线都是直线状态时，服装款式廓型呈简洁自然的H型，这类直线形相关结构线在组合缝制时工艺难度小，易缝制；当前、后衣身的侧缝是内弧曲线时，服装款式的廓型是具有柔美特性的X型，这类相关结构线在组合缝制时有一定的难度，并且其工艺难度随内弧曲线曲率的增大而增加。

（2）结构线的位置、数量变化与服装款式风格：结构线的位置、数量发生变化时能够引起服装款式风格的改变。例如，将四开身服装衣身结构中的侧缝向后移位至背宽线处即变成三开身结构，同时结合省道设计，会使具有休闲特性的服装变成结构严谨、造型合体的职业装。再如，在男式夹克的结构设计中，在前、后衣身（甚至衣袖）的适当位置分别设置横向或斜向分割线装饰时，整件服装会变得富有朝气。

（3）结构线的应用与工艺设计：如果在春秋两季或冬季女装的结构设计中采用公主线分割处理，不仅能够满足服装造型风格的要求，还可以大大减小缝制工艺中的塑型工艺难度，从而达到省时、省力、降低成本的设计目的。

可见，结构线的设计是服装结构设计的具体体现，在服装部位的组合设计中具有重要意义。

2. 服装部位的组合与款式造型均衡性设计

（1）点、线、面设计与款式造型的均衡性：在服装结构设计中，衣身上的纽扣、衣袋、分割线等点、线与其组合时对服装的视觉美感和均衡效果可以起到画龙点睛、以动制静等作用。在这方面的设计中应遵循以下两项原则：

①坚持黄金分割率和形式美法则，使服装块面分割符合人们的视觉审美。

②满足人体活动规律的生理要求，使分割线的设置错开人体活动关节部位，以保证人体的活动机能。

（2）局部结构组合对服装整体平衡的影响：如图4-1-3所示，在服装的结构设计中，衣身前、后领口的合理组合是确保服装动态平衡设计的基本要求。一般情况下，后领口宽大于（或等于）前领口宽，领口组合后平服贴体，领肩部的布料呈自然状态。当因服装款式的需要，肩缝线向前或向后移动时，后领宽与前领宽的关系即发生变化，但是前、后领口组合后其整体形态不变。

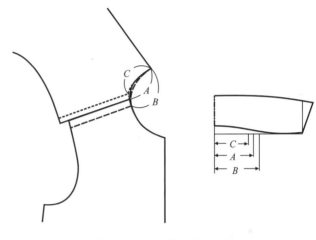

图4-1-3　肩缝与领口变化

（3）服装材料与款式形态平衡的设计：选用条格面料进行服装款式造型设计时，衣身与衣袖、门襟与里襟、衣身与衣领及口袋等部件组合一定要对好条格，以保证服装的形态平衡。

服装结构设计是服装款式造型设计的重要内容。服装整体结构设计是一项实践性较强的技术工作，初学者必须通过细致的学习、勤奋的训练才能较系统地掌握结构设计的基本理论和技能，为逐步成长为服装结构设计师奠定坚实的基础。

💡 **思考及练习**

1. 掌握相关部位、相关结构线的定义。

2. 举例说明衣领与领口相关部位、相关结构线的吻合关系。

3. 举例说明衣袖与袖窿相关部位、相关结构线的吻合关系。

4. 结构线设计对服装部位组合的影响有哪些？

5. 服装部位组合与款式造型均衡性设计有哪些关联？

模块二　衬衫、休闲装样板实例

• 教学目标

终极目标：利用服装结构设计原理、技术，完成男、女各类服装成品纸样制板。

促成目标：

1. 学会审视分析衬衫、休闲装效果图、款式图。

2. 掌握衬衫、休闲装各部位尺寸规格设置。

3. 利用相关原理、制图方法及技术，完成不同衬衫、休闲装样板设计。

• 教学任务

1. 掌握服装款式造型的审视及分析。

2. 依据上装结构原理，完成不同衬衫、休闲装纸样的结构变化。

3. 掌握衬衫、休闲装成品结构样板技术。

任务一　女衬衫、休闲装样板实例

• 任务描述

1. 通过分析审视掌握女衬衫、休闲装的款式特点。

2. 掌握不同款式女衬衫、休闲装的尺寸规格设置。

3. 掌握女衬衫基本型的结构设计方法。

4. 掌握女衬衫、休闲装变化款式结构制板技术。

实例一 女衬衫基本型

1. 款式特点 如图4-2-1
所示。此款女衬衫属合体式衬
衫，是女装的重要配服，既可
独立穿着，也可与套装组合穿
用，设计风格简约优雅；面料
的选择丰富多样，既可选择轻
薄柔软的丝绸织物，也可选择
吸湿防皱的棉布或化纤混纺织
物等。

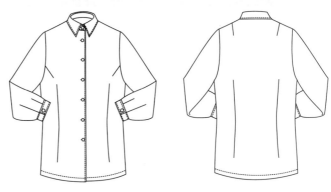

图4-2-1 女衬衫基本型款式图

从款式图可直观看出，前
衣片分别设有袖窿省及腰省，后衣片设有肩省及腰省，能够充分体现女性的体型特征。

2. 制图规格 如表4-2-1所示。此款女衬衫可利用女装衣身原型变化完成，根据各部
位设置的规格尺寸，在衣身原型上进行衣长、胸围、小肩、袖窿等部位的结构绘制，利用
袖原型完成衬衫袖的结构制图。

表4-2-1 成品规格表　　　　　　　　　　　　　　　　　　　　　单位：cm

号型	部位	衣长	胸围	肩宽	领围	背长	袖长	袖口围
160/84A	规格	68	94	40	39	39	55	24

原型样板转换：将衣身原型前片进行转换，操作方法如图4-2-2所示。

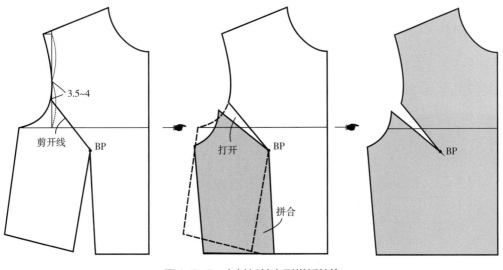

图4-2-2 女衬衫基本型样板转换

（1）确定剪开线：在袖窿处设置转省剪开线至BP点，位置及倾斜角度可依据款式图省的形状确定。

（2）转省：沿线剪开至BP点，将腰省合并，使前片腰节线水平，同时生成袖窿省。

（3）绘制轮廓线：将完成转省后的原型轮廓线绘制出来。

3. 制图要点分析

（1）前衣片结构制图的要点：根据规格尺寸，在前片原型基础上加放衣长、确定背长线、确定搭门宽、修改袖窿深线、完成侧缝线及底边线的绘制；作BP点延长线至背长线，确定腰省大，绘制腰省；绘制袖窿省、完成扣眼的绘制。

（2）后衣片结构制图的要点：根据规格尺寸，在后片原型基础上加放衣长、确定背长线、加大领口宽；确定腰省线，作腰省；设置肩省位置，确定底边线，注意前、后侧缝需等长。

（3）衣袖结构制图的要点：衣袖可采用袖基本型来完成，测量出前、后衣片袖窿弧长（AH值），袖山高公式为AH/3，通过AH值确定袖肥，确定袖口大及袖口褶的位置，完成袖缝线的绘制。

（4）衣领结构制图的要点：注意衣领的领座宽小于翻领宽，通常至少小1cm，领座下口上翘是为了保证与人体颈部造型相吻合，翻领外口线则依据款式造型完成。

4. 样板结构绘制 具体绘制方法如图4-2-3所示。

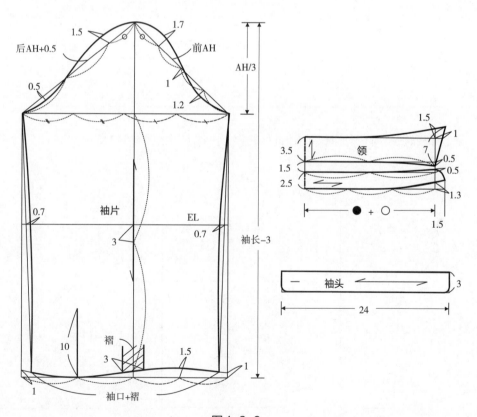

图4-2-3

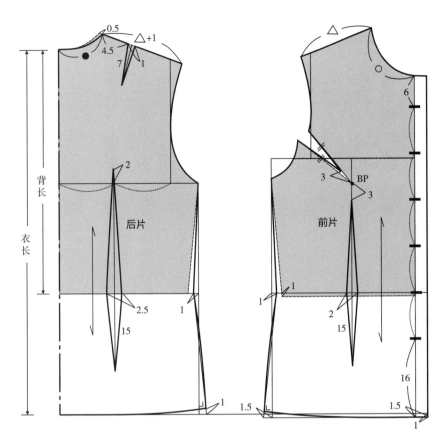

图4-2-3　女衬衫基本型样板结构图

实例二 **明贴袋女衬衫**

1. 款式特点　如图
4-2-4所示。从款式图可
直观看出，前衣片为明
贴边、设有明贴袋四个、
胸部分割并缉明线装饰，
腰部收省至衣底边；后衣
片设有背部育克，收腰省
至衣底边；衬衫式关门
领、一片式圆装袖。

　　此款女衬衫前、后

图4-2-4　明贴袋女衬衫款式图

身片增设了分割线，将省巧妙地转入分割线中，既起到了装饰作用，也展示了塑型的功
效，同时明贴袋的应用增添了时尚元素。

　　2. 制图规格　如表4-2-2所示。此款女衬衫可利用女装衣身原型变化完成，根据各部
位设置的规格尺寸，在衣身原型上进行衣长、胸围、小肩、袖窿等部位结构的绘制；利用
袖原型完成衬衫袖的结构制图。

表4-2-2　成品规格表　　　　　　　　　　　　　　　　单位：cm

号型	部位	衣长	胸围	肩宽	领围	背长	袖长	袖口围
160/84A	规格	65	94	40	39	39	56	25

原型样板转换：将衣身原型前片进行转换，操作方法如图4-2-5所示。

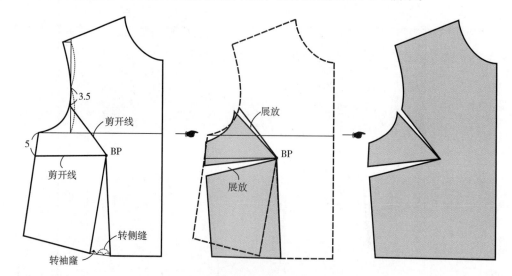

图4-2-5　明贴袋女衬衫样板转换

（1）剪开线的确定：在侧缝上距胸围线向下5cm处设置剪开线，在袖窿中点向下3.5cm处设置剪开线，转省剪开线与BP点相连。

（2）转省：将两条剪开线沿线剪开至BP点，腰省分成三等份，其中1/3份转袖窿，2/3份转侧缝。

（3）绘制新轮廓：将腰省合并，使前片腰节线水平，完成转省后的原型轮廓线。

3. 制图要点分析

（1）确定衣长、背长：根据尺寸规格表，在变化后的原型基础上绘制出衣长、背长。

（2）确定领口宽、肩宽：领口宽在原型领口上沿小肩线外延0.5cm；肩宽与原型相同。

（3）绘制前衣片腰省：过BP点作引导线至底边，确定2cm省量，侧缝腋下省拼合，将省量转至腰省分割线中。

（4）绘制前衣片胸部分割线：分割线位置可设置在袖窿省附近，这样便于转省。分割线起翘量为袖窿省量，可依据胸部的丰满程度进行调整，通常为0.7~1cm。

（5）绘制前片贴袋：注意贴袋前端纱向平行于前中心线，后端起翘0.5cm。

（6）绘制后片育克及腰省：将后片肩省延长至背部分割线，后肩省拼合，将省量转换至背部分割线；后腰省设置在腰围中点，省量为2.5cm。

（7）绘制衣袖、衣领结构：测量出前、后袖窿弧长，利用袖原型完成衬衫袖的结构制图；衣领长的取值为前、后领口弧长之和，或直接取领围/2进行绘制。

4. 样板结构绘制　具体绘制方法如图4-2-6所示。

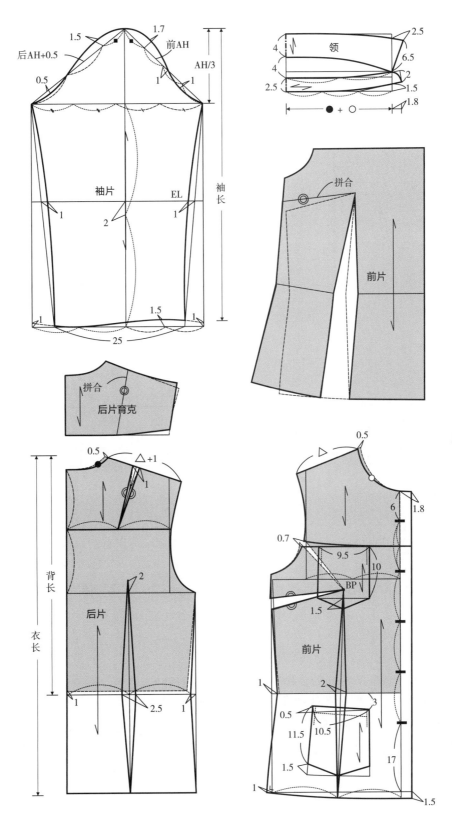

图4-2-6　明贴袋女衬衫样板结构图

实例三 男式休闲女衬衫

1. **款式特点** 如图4-2-7所示。此款女衬衫由男士外穿衬衫转变而成，呈宽松、随意特性，由于保留了男衬衫的育克、口袋、圆下摆及剑型袖衩，故男性化风格明显。

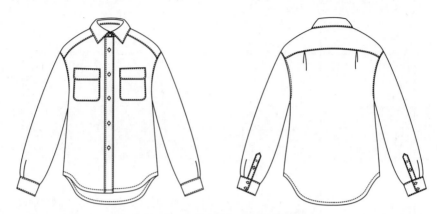

图4-2-7 男式休闲女衬衫款式图

2. **制图规格** 如表4-2-3所示。

表4-2-3 成品规格表　　　　　　　　　　　　　　　　　单位：cm

号型	部位	衣长	胸围	肩宽	领围	背长	袖长	袖口围
160/84A	规格	74	116	42（参考）	39	39	56	24

3. **制图要点分析**

（1）此款衬衫采用比例式制图法，利用公式及定数相结合完成结构制图。

（2）胸围的确定：前片胸围公式为B/4-1cm，后片胸围公式为B/4+1cm，在总量不变的情况下，调节侧缝位置。

（3）落肩及肩宽的确定：此款衬衫为落肩式，从款式图可直接观察出落肩位置约在正常肩端下移5cm左右，因此前肩宽可直接取定数17.5cm，落肩深为6.5cm；后肩宽可直接取定数18cm，落肩深为5.5cm。

（4）过肩的确定：原理是截取前片衣长的一部分（通常4cm）与后衣片拼合，分割位置常设在领口深线向下10cm处，纱向可采用纬纱或是斜纱。

（5）袖窿弧线的确定：从肩端点至侧缝与胸围线交点作直线相连，确定袖窿弧线凹势时需遵循前片大于后片的原则，如前片向里凹进4cm，后片则向里凹进3cm。

4. **样板结构绘制** 具体绘制方法如图4-2-8所示。

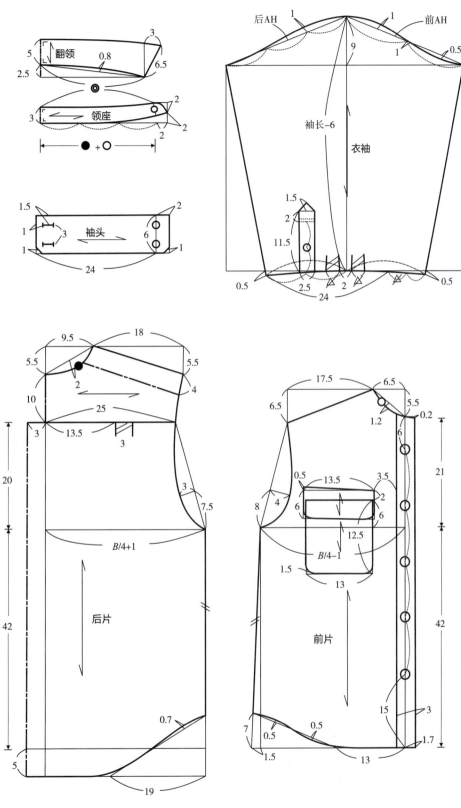

图4-2-8　男式休闲女衬衫样板结构图

实例四 连领开衩休闲女衬衫

1. 款式特点 如图4-2-9所示。此款休闲女衬衫款式新颖、造型简约，向外展放的衣摆使整体服装呈宽松状，侧缝设有暗插袋，为便于活动并设有开衩；前片衣身与领相连，呈连立领造型；斜门襟连折钉有暗襻。

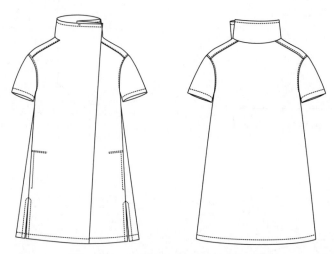

图4-2-9 连领开衩休闲女衬衫款式图

2. 制图规格 如表4-2-4所示。

表4-2-4 成品规格表 单位：cm

号型	部位	衣长	胸围	肩宽	领围	袖长	袖口宽
160/84A	规格	94	84（净体）	40	39	22	16.5

3. 制图要点分析

（1）此款衬衫为四开身，可采用比例式制图法，利用公式及定数相结合完成结构制图。依据先纵线后横线的方法进行结构制图，可先从后衣片开始绘制。

（2）胸围的确定：为达到宽松效果，需增加整体胸围的放松量，前片胸围公式为$B/4+10cm$，后片胸围公式为$B/4+11.5cm$，在总量不变的情况下，调节侧缝位置。

（3）落肩及肩宽的确定：确定后领口宽为9.5cm，取定数17cm完成后小肩线的绘制；前领口宽取值18.5cm（其中含褶量9cm），前落肩深为8.5cm，连接前小肩斜线，使前、后肩宽等长。

（4）绘制袖窿弧线：肩端点与侧缝线起点相连，绘制袖窿弧线凹势时确保前片大于后片，前片凹进4cm，后片凹进3cm。

（5）绘制侧缝线：依据款式图，需将侧缝前移，前片缩进4cm、后片外展6cm。

（6）绘制立领：前领片与衣身相连，"●"部分为后领口弧长。

4. 样板结构绘制 具体绘制方法如图4-2-10所示。

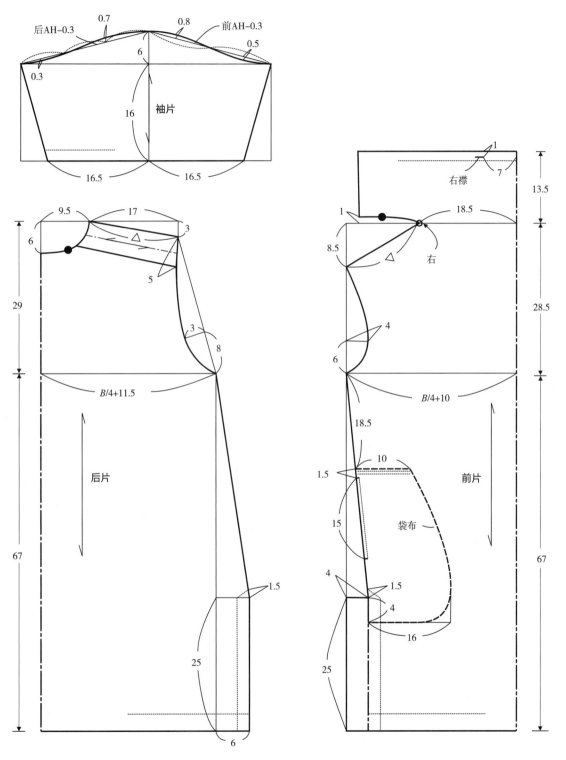

图4-2-10　连领开衩休闲女衬衫样板结构图

实例五 "O"型短袖女衬衫

1. 款式特点 如图4-2-11所示。此款衬衫门襟为双排10粒扣,立领与衣身相连且设有领省,前、后衣片下摆分别做省,整体廓型呈"O"型,采用一片式过肩短袖,袖口处做褶并装袖口布。

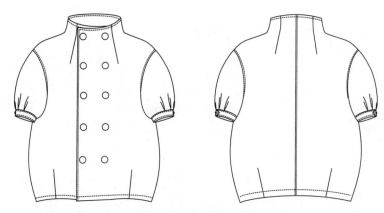

图4-2-11 "O"型短袖女衬衫款式图

2. 制图规格 如表4-2-5所示。

表4-2-5 成品规格表   单位:cm

号型	部位	衣长	胸围	肩宽	领围	袖长	袖口围
160/84A	规格	57	104	40	39	20	31

3. 制图要点分析

(1)如图4-2-12所示,将女装衣身原型做转省变化。

(2)根据尺寸规格设置,在变化后的原型上加放衣长。

(3)确定胸围加放数值:根据尺寸规格表,成品胸围尺寸(104cm)与原型胸围尺寸(94cm)的差值为10cm,差值的一半(5cm)为前、后衣片的加放量,后片加放4cm,前片加放1cm。

(4)确定肩线位置、小肩斜线造型:将原型前片小肩缩短2~3cm,后片加放2~3cm,使肩线前移;小肩斜线延长7cm并下移2cm,完成肩线造型。

(5)确定侧缝线造型:将腰节下移5cm并外放3.5cm,侧缝通过此点作外凸的弧线。

(6)确定袖山高及袖肥:将前、后衣片侧缝对接,如图所示确定出袖山高;利用前、后袖窿AH值确定袖肥;袖口外凸4.5cm,完成袖结构制图。

4. 样板结构绘制 具体绘制方法如图4-2-12所示。

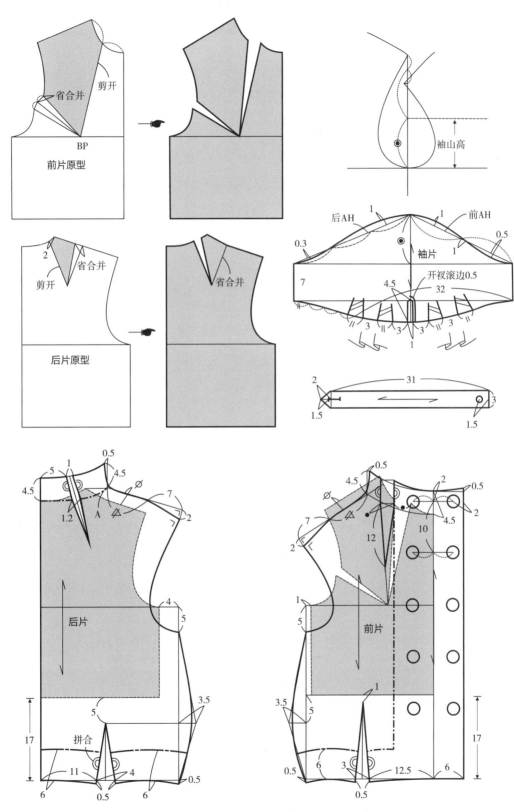

图4-2-12 "O"型短袖女衬衫样板结构图

实例六 两用领户外女装

1. **款式特点** 如图4-2-13所示。此款女装为户外活动穿着，常用于郊游、运动、劳作等场合，也可作为日常生活的便装。前、后衣片设有肩育克及纵向公主分割线，底边装有腰带式育克，门襟较宽，衣领为开关两用式翻领，整体衣身缉明线装饰。

图4-2-13 两用领户外女装款式图

面料的选择非常广泛，常采用棉、麻、帆布、毛呢、皮革等较挺阔、厚重的面料。整体廓型为"H"型，风格简约，穿着随意，通用性很强，是一款衣橱必备单品。

2. **制图规格** 如表4-2-6所示。

表4-2-6 成品规格表　　　　单位：cm

号型	部位	衣长	胸围	肩宽	领围	袖长	袖口围
160/84A	规格	58	94	39	39	58	25

3. **制图要点分析**

（1）如图4-2-14所示，利用原型样板制图。

（2）根据尺寸规格，利用衣身原型加放衣长、修改肩线及袖窿造型，胸围的尺寸与原型相同，可保持不变。

（3）确定前片分割线、肩育克，将省量转入分割线中，前片肩育克与后片肩育克拼合。

（4）利用前、后袖窿AH值确定袖山高和袖肥，袖头如图所示做拼合。

（5）利用前、后领口弧长完成领结构的绘制。

4. **样板结构绘制** 具体绘制方法如图4-2-14所示。

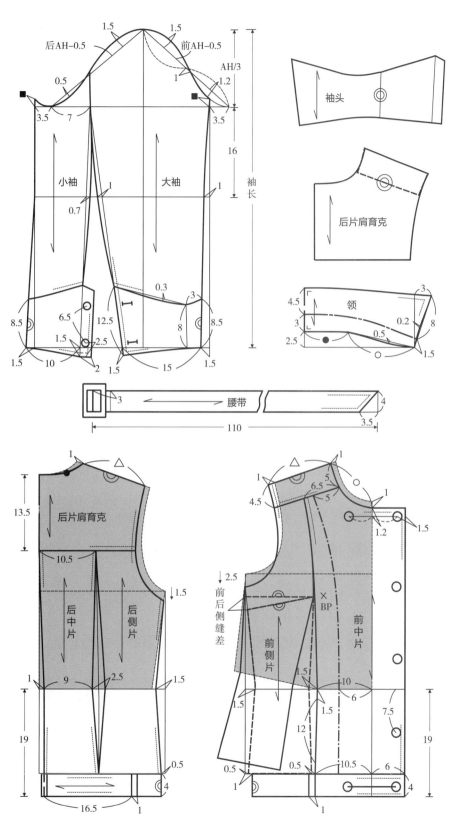

图4-2-14 两用领户外女装样板结构图

1. 完成女衬衫基本型的结构样板绘制。

2. 自行设置尺寸规格，完成男式休闲女衬衫的结构样板绘制。

3. 完成明贴袋衬衫的结构样板绘制。

4. 完成连领开衩衬衫的结构样板绘制。

5. 完成"O"型短袖衬衫的结构样板绘制。

6. 完成两用领户外休闲女装的结构样板绘制。

任务二　男衬衫、休闲装样板实例

● 任务描述

1. 通过分析审视掌握男衬衫、休闲装的款式特点。

2. 掌握不同款式男衬衫、休闲装的尺寸规格设置。

3. 掌握男衬衫基本型的结构设计方法。

4. 掌握男衬衫、休闲装变化款式的结构制板技术。

● 任务实施

实例一　男衬衫基本型

1. 款式特点　如图4-2-15所示。此款男衬衫是男装中的重要配服，既可独立穿着，也可与套装组合穿用，设计风格简约优雅。面料的选择丰富多样，既可选择轻薄柔软的丝绸织物，也可选择吸湿防皱的棉布或化纤混纺织物等。

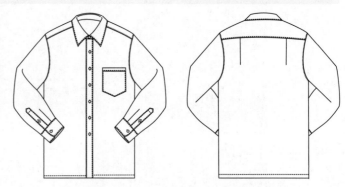

图4-2-15　男衬衫基本型款式图

从款式图可直观看出，前衣片肩部设有过肩，门襟设明贴边，左胸设有剑式贴袋；后衣片设有过肩，在背部分割线中做褶裥以增加背部的活动量；袖口处设有剑式开衩。

2. 制图规格　如表4-2-7所示。

表4-2-7　成品规格表
单位：cm

号型	部位	衣长	胸围	肩宽	领围	袖长	袖口围
170/88A	规格	73	108	45	39	58	25

3. 制图要点分析

（1）此款衬衫结构可利用男装衬衫原型绘制。

（2）衣长、胸围的确定：沿后领口深线向下确定衣长，使原型样板胸围线呈水平状，且中间留出4.5cm，完成胸围的确定。

（3）袖窿深线的确定：原型样板胸围线呈水平状并向下移4cm，确定出男衬衫基本型的袖窿深线。

（4）过肩的确定：距前片小肩3cm作分割线，将分割下来的过肩与后片拼合。

（5）袖山高的确定：测量前、后衣片袖窿弧长（AH值），利用AH/6-1cm确定袖山高。

（6）袖肥的确定：利用公式AH/2-0.5cm，从袖中线顶点分别向袖山深线作投影线，得到前、后袖肥。

4. 样板结构绘制　具体绘制方法如图4-2-16所示。

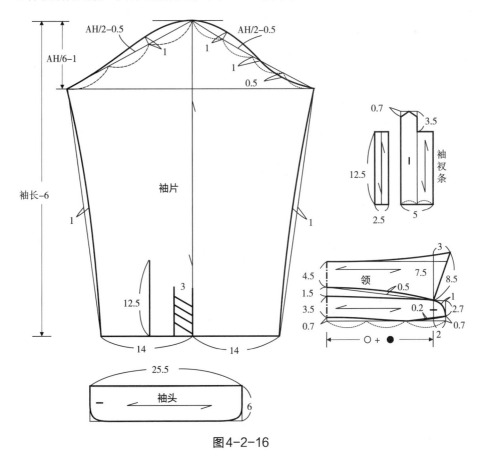

图4-2-16

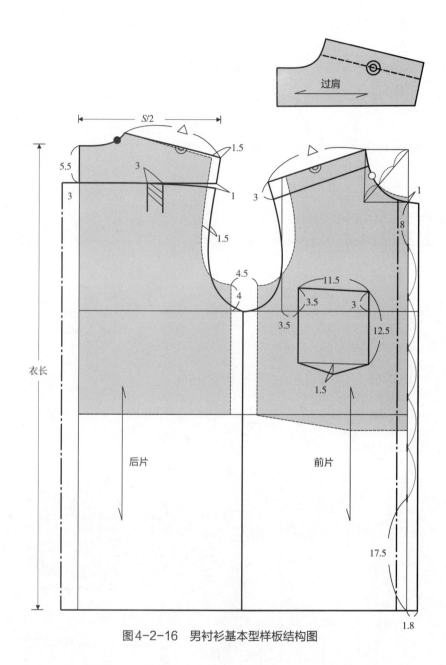

图 4-2-16　男衬衫基本型样板结构图

1. 款式特点 如图4-2-17所示。此款男衬衫廓型简洁，富有朝气。前衣片门襟为明贴边，胸前装有一明袋，后衣片过肩与前衣片过肩相连，侧缝收腰，圆衣摆。面料的选择广泛且丰富多样，可依据穿着场合选择。

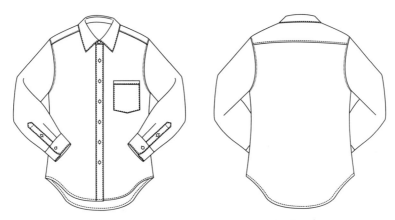

图4-2-17 紧身圆摆男衬衫款式图

2. 制图规格 如表4-2-8所示。

表4-2-8 成品规格表 单位：cm

号型	部位	衣长	胸围	肩宽	袖长	袖口围
170/88A	规格	73	104	45	58	25

3. 制图要点分析

（1）此款衬衫可利用公式法进行结构绘制。

（2）确定衣长、背长：沿后领口深线向下确定衣长、背长，包括过肩。

（3）确定袖窿深线：从上平线向下量取，利用公式$B/6+11cm$获得。

（4）确定胸围：前衣片胸围公式为$B/4-1cm$，后衣片胸围公式为$B/4+1cm$，可调节侧缝位置。

（5）确定圆衣摆：沿后衣片下平线向下加放3.8cm，侧缝处上提8cm，如图4-2-18所示完成衣摆曲线造型。

（6）确定袖山高：利用公式$B/10+2cm$获得。

（7）确定袖肥：测量前、后衣片袖窿弧长（AH值），公式为$AH/2-0.5cm$。

4. 样板结构绘制 具体绘制方法如图4-2-18所示。

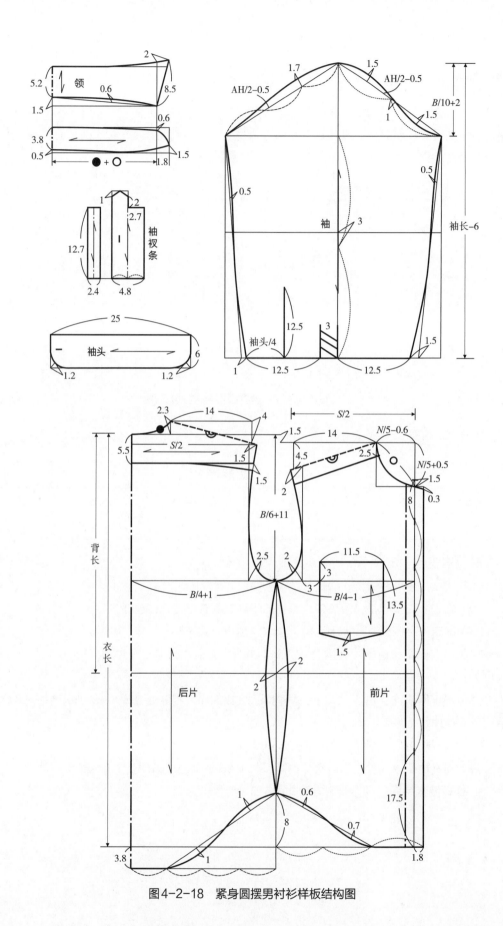

图4-2-18　紧身圆摆男衬衫样板结构图

1. 款式特点 如图4-2-19所示。此款男衬衫款式简洁、端庄，整体廓型较修身，门襟设小开领单排5粒扣，前片左胸设有明贴袋，袖子既可设计为短袖款，亦可设计为长袖款。

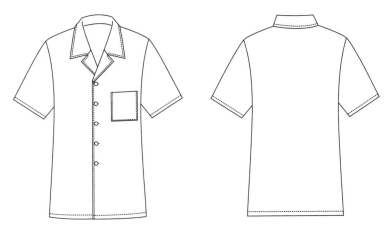

图4-2-19 开领男衬衫款式图

2. 制图规格 如表4-2-9所示。

表4-2-9 成品规格表 单位：cm

号型	部位	衣长	胸围	肩宽	领围	袖长	袖口围
170/88A	规格	73	108	46	39（参考）	25（58）	25

3. 制图要点分析

（1）此款衬衫可利用男衬衫原型样板进行结构图绘制。

（2）确定衣长：从后衣片领口深线向下量取衣长或是从原型样板腰节线向下量取成品衣长与背长的差。

（3）确定袖窿深线：将原型样板袖窿深线向下移1.5cm。

（4）确定胸宽、背宽：前片胸宽加放0.7cm，后片背宽加放0.7cm。

（5）确定袖山高和袖肥：测量前、后衣片袖窿弧长（AH值），先确定袖山高，公式为AH/6；然后再确定袖肥，前袖肥公式为AH/2-0.5cm，后袖肥公式为AH/2。

（6）绘制衬衫领：在衣身上直接配领，配领原理及方法同驳领，如图4-2-20所示。

4. 样板结构绘制 具体绘制方法如图4-2-20所示。

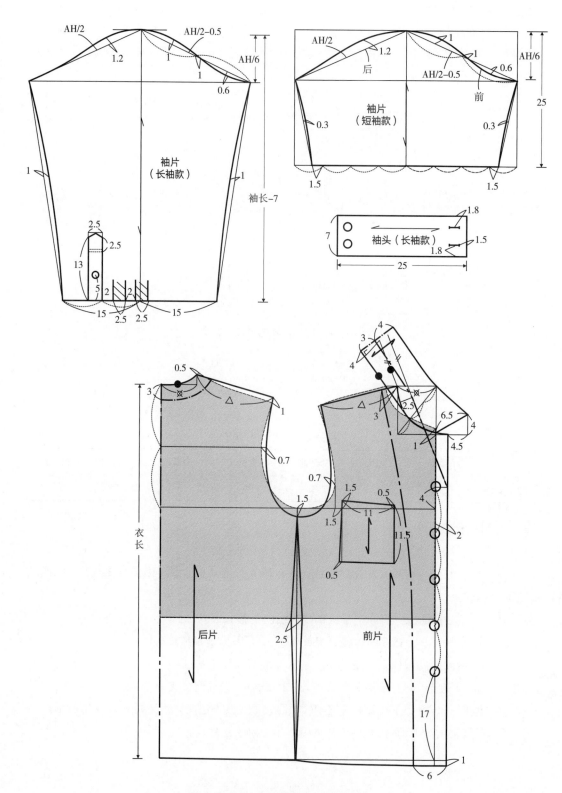

图4-2-20 开领男衬衫样板结构图

1. 款式特点 如图4-2-21所示。此款休闲装结构设计别致，面料选择广泛。正面类似衬衫：门襟处设有剑式明贴边，左胸设一剑式贴袋；背面类似夹克：分别设有一道横向分割线（背宽部位）、两道纵向分割线（肩胛骨突出部位），底边两侧做褶并装有育克，过肩与前片过肩相连；两片袖及分割式立领。

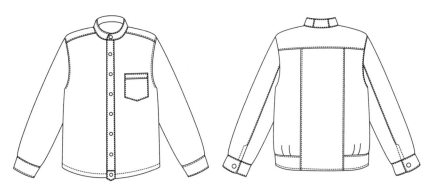

图4-2-21 男衬衫式休闲装款式图

2. 制图规格 如表4-2-10所示。

表4-2-10 成品规格表　　　　　　　　　单位：cm

号型	部位	衣长	胸围	肩宽	领围	袖长	袖口围
170/88A	规格	69	120	48	42	58	25

3. 制图要点分析

（1）此款休闲装较宽松，可利用公式法、定数法相结合进行结构绘制。

（2）衣长的确定：前片衣长从上平线向下量取；后片衣长需在上平线基础上再向上提1.5cm。

（3）袖窿深线的确定：前片袖窿深公式为1.5B/10+11cm，从上平线向下量取；同时将袖窿深线延长至后中心线。

（4）胸围的确定：前片胸围公式为B/4-2cm，后片胸围公式为B/4+2cm。

（5）落肩的确定：前落肩公式为B/20-1cm，从上平线量起；后落肩公式为B/20-2cm，从提起1.5cm的新上平线量起。

（6）袖山高的确定：直接用定数获得，可定为8cm。

（7）袖肥的确定：前袖肥斜线为前AH，后袖肥斜线为后AH，从袖中线顶点分别投影至袖山深线。

4. 样板结构绘制 具体绘制方法如图4-2-22所示。

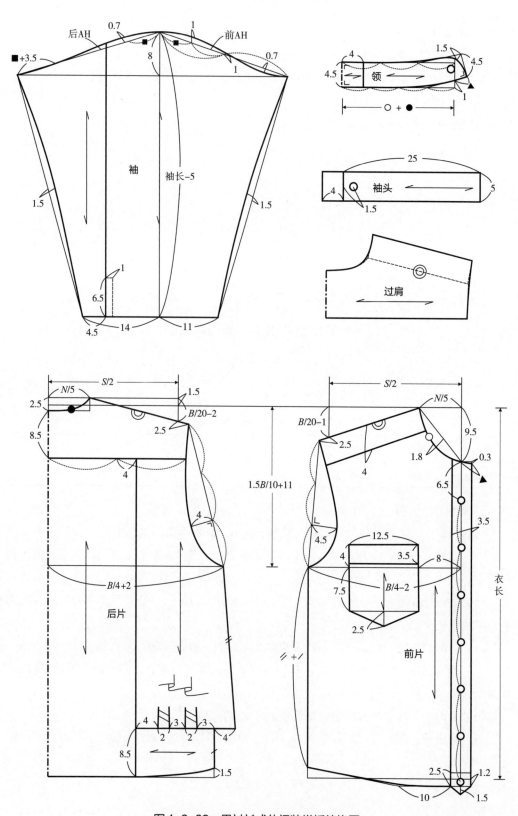

图4-2-22　男衬衫式休闲装样板结构图

1. 款式特点 如图4-2-23所示。此款服装常用于户外穿着，如狩猎、郊游、出海等休闲场合，也可称为狩猎装，凸显男性阳刚、硬朗的气质。面料选择广泛，常以粗纺斜纹布、卡其布为主，也可选择混纺丝绸、亚麻、毛呢或麂皮等材料。

此款服装偏短且束腰，款式帅气，行动方便。前片装有四个立体贴袋、有过肩、立领，门襟装有拉链并外缉贴边；后片背部设有过肩、过肩以下部分背中缝分割；一片式圆装袖，袖口设有剑式开衩；全身缉装饰明线。

图4-2-23 派克休闲装款式图

2. 制图规格 如表4-2-11所示。

表4-2-11 成品规格表
单位：cm

号型	部位	衣长	胸围	肩宽	领围	袖长	袖口围
170/88A	规格	76	114	48	46	61	27

3. 制图要点分析

（1）此款休闲装可利用男衬衫原型样板进行结构绘制。

（2）确定衣长：从原型板后领口深线向下量取。

（3）确定袖窿深线：先将原型板袖窿深线放至水平，然后向下移4cm。

（4）确定前、后肩宽：后片肩宽公式为$S/2$，从后中心线沿上平线水平量得，引于小肩斜线上，后小肩长度以"△"表示；前片肩宽在原型板小肩线上直接确定，从距肩端点1cm处沿小肩线量得，长度为"△ -0.3cm"。

（5）确定袖山高和袖肥：先测量出前、后衣片袖窿弧长（AH值），利用公式AH/6-1cm确定袖山高；前袖肥公式为AH/2-0.5cm，后袖肥公式为AH/2。

4. 样板结构绘制 具体绘制方法如图4-2-24所示。

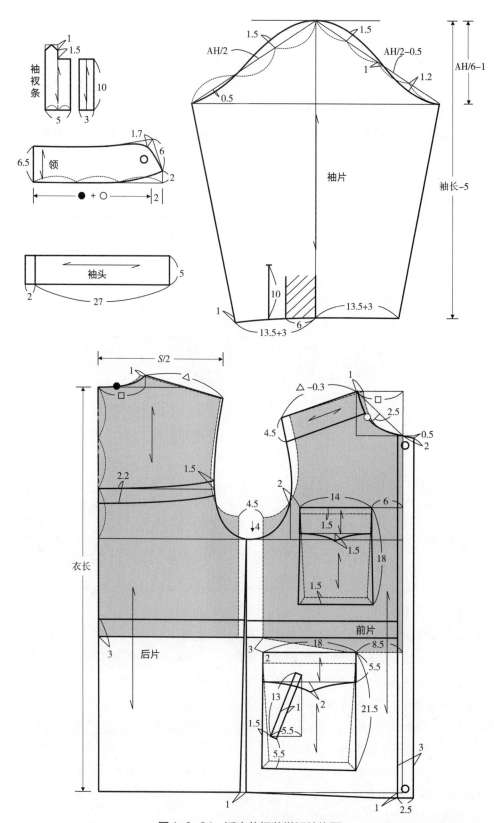

图4-2-24　派克休闲装样板结构图

实例六 **男式插肩袖夹克**

1. **款式特点** 如图4-2-25所示。此款服装衣身廓型宽松，袖型流畅舒适，下摆加装育克收紧，便于活动。前片衣身分割线设有暗插袋，开关两用小驳领，门襟单排六粒扣；后片背中缝设有对褶，前、后衣片均为全插肩袖，袖口处加装袖襻。

图4-2-25 男式插肩袖夹克款式图

2. **制图规格** 如表4-2-12所示。

表4-2-12 成品规格表 单位：cm

号型	部位	衣长	胸围	肩宽	领围	袖长	袖口宽
170/88A	规格	68	114	48	44	58	15

3. **制图要点分析**

（1）此款夹克可利用男装衣身原型样板进行结构绘制。

（2）衣长的确定：根据尺寸规格表确定，首先以后领口中心线为起点，沿后中心线向下量取衣长；然后测量出腰节线至衣下摆的距离，用符号"■"表示；最后在前衣片腰节线向下量取"■"，确定前衣长。

（3）胸围的确定：沿原型胸围线利用公式（成品胸围 – 原型胸围）/4，确定加放量为4cm。

（4）袖窿深线的确定：在原型袖窿深线基础上下移6cm。

（5）前、后小肩斜线的确定：在原型前颈肩点处抬高0.5cm，在肩端点处抬高1.5cm，连接两点并在肩端处向外加放2.5cm；同理，完成后小肩斜线。

（6）前、后袖中线的确定：前袖中线的确定方法是将前肩端点与等腰三角形底边中点作两点连线，长度取袖长 +2cm；后袖中线的确定方法是将后肩端点与等腰三角形底边中点向外加放1cm的点作两点连线，长度取袖长 +2cm。

4. **样板结构绘制** 具体绘制方法如图4-2-26所示。

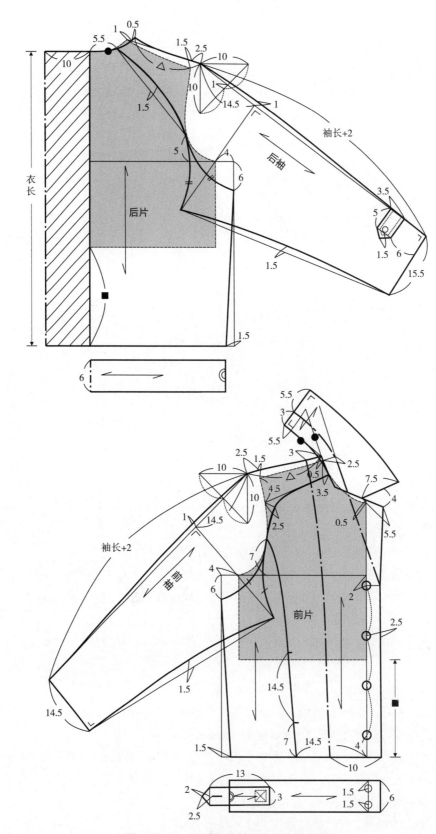

图4-2-26　男式插肩袖夹克样板结构图

1. 完成男衬衫基本型的结构样板绘制。
2. 自行设置尺寸规格，完成紧身式男衬衫的结构样板绘制。
3. 完成开领长袖衬衫的结构样板绘制。
4. 完成派克休闲装的结构样板绘制。
5. 完成男式插肩袖夹克的结构样板绘制。

项目四　服装成品样板实例

模块三　西装、套装样板实例

终极目标：利用服装结构设计原理、技术，完成男、女各类服装成品纸样制板。

促成目标：

1. 学会审视、分析西装、套装效果图、款式图。

2. 掌握西装、套装各部位尺寸规格设置。

3. 利用相关原理、制图方法及技术完成不同西装、套装样板设计。

● 教学任务

1. 掌握服装款式造型的审视及分析。

2. 依据上装结构的设计原理完成各类西装、套装纸样的结构变化。

3. 掌握各类西装、套装成品结构样板技术。

任务一　女西装、套装样板实例

● 任务描述

1. 通过分析、审视掌握女西装、套装的款式特点。

2. 掌握不同款式女西装、套装的尺寸规格设置。

3. 掌握女西装、套装的结构设计方法。

4. 掌握女西装、套装变化款式的结构制板技术。

实例一 平驳领女西装

1. **款式特点** 如图4-3-1所示。此款女西装较为经典，既可独立穿着，也可与西装裤、西服裙组合穿用。从款式图可直观看出，衣长至臀围线下方、平驳领、门襟止口为圆角造型，单排两粒扣，驳头止点设在腰节线附近，前、后衣片分别设公主线分割，后衣片肩部设有肩省，圆装两片袖。

图4-3-1 平驳领女西装款式图

2. **制图规格** 如表4-3-1所示。

表4-3-1 成品规格表 单位：cm

号型	部位	衣长	胸围	肩宽	袖长	背长	袖口宽
160/84A	规格	68	96	40	56	39	13.5

3. **制图要点分析**

（1）此款西装可利用公式法完成样板结构绘制。

（2）衣长、背长的确定：绘制上平线，根据衣长确定下平线；利用背长尺寸，从上平线向下量取背长线。

（3）前、后落肩的确定：前落肩从上平线向下量取，公式为$B/20$；后落肩从上平线向上1cm处量起，公式为$B/20$。

（4）袖窿深线的确定：从落肩线向下量取，公式为$1.5B/10+4.5cm$。

（5）胸宽、背宽的确定：根据胸宽小于背宽的原则，胸宽的确定公式为$1.5B/10+3.5cm$，背宽的确定公式为$1.5B/10+4cm$。

（6）前、后领口宽的确定：在驳领结构中，前领口宽的确定公式为胸宽$/2+1cm$，从撇胸线与胸宽线交点向左量取，并将此线延长至上平线，为方便绘制前领口宽可用符号"□"表示；利用"□"的数值作后中心线的平行线交于上平线，可确定出后领口宽。

4. 样板结构绘制 具体绘制方法如图4-3-2所示。

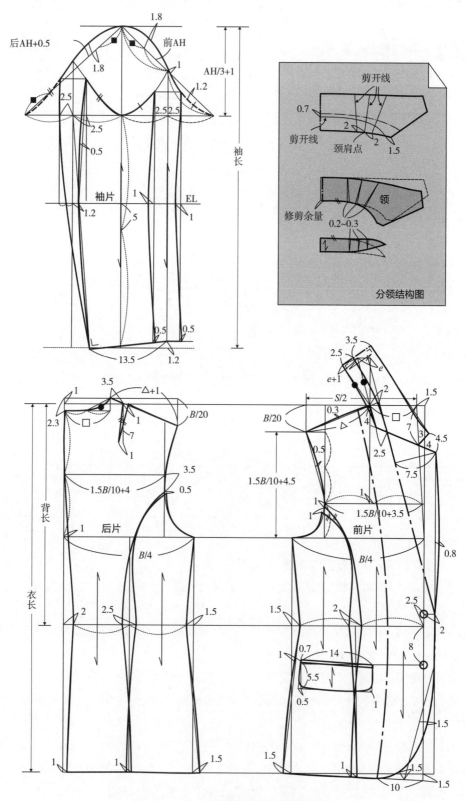

图4-3-2 平驳领女西装样板结构图

1. 款式特点 如图4-3-3所示。此款女装端庄、稳重、修身、合体，整体服装突显女性体型特征。款式特点突出：戗领、驳头止点至腰节；一粒扣、圆角止口；衣身设置公主线及落地胸省；肩部合体，袖山饱满，袖型挺括。

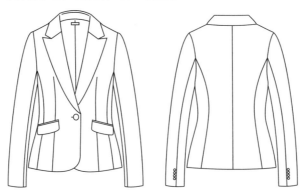

图4-3-3 戗驳领女西装款式图

2. 制图规格 如表4-3-2所示。

表4-3-2 成品规格表 单位：cm

号型	部位	衣长	胸围	肩宽	袖长	袖口宽
160/84A	规格	58	96	40	56	13

衣身原型转换：转换方法如图4-3-4所示。

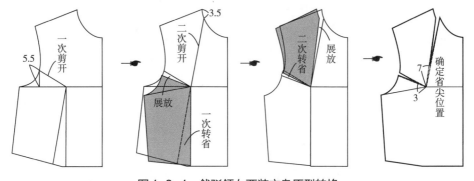

图4-3-4 戗驳领女西装衣身原型转换

3. 制图要点分析 此款女装利用转换后的原型完成样板结构绘制。

（1）衣长的确定：原型样板腰围线水平对齐，在后中心线确定衣长；后片腰节线至底边线用符号"■"表示；前衣片腰节至底边取"■"相同量。

（2）设置领省：在领串口线上设置领省，方法是将原型领省省尖转移至驳口线附近，使领省隐藏在驳头下方，这样既能保证功能性，又能达到美观效果。

（3）落肩、袖窿深线的确定：前肩端上提0.5cm，后肩端上提1cm；为保证前、后片侧缝等长，前片袖窿深线在原型样板基础上下移2cm，后片袖窿深线在原型样板基础上下移1cm。

（4）胸宽、背宽的确定：遵循胸宽小于背宽的原则，胸宽不加放；背宽在原型样板基础上向外放出1cm。

（5）串口线、驳头宽的确定：串口线的位置可依据驳领与驳头的比例关系来确定，通常利用原型领口深加减一定的量来完成；同理，驳头宽的确定可依据款式设计并参照衣身胸宽的比例来完成。

（6）袖窿省的转换：作袖窿省、胸省的延长线并剪开，转动袖窿小片，拼合袖窿省量，将省量转至胸省，重新画顺轮廓线。

（7）袖山高的取值方法：如图4-3-5所示，利用衣身袖窿深进行比例分配来确定袖山高，并用符号"⊙"表示。

（8）袖肥的确定：利用前AH确定前袖肥，利用后AH+0.5cm确定后袖肥，袖中线后移1cm为袖山中点。

（9）衣领的分领：配制好的衣领并不是最后缝制成品的衣领，为解决领翻折线存在多皱褶的问题，需将衣领作分领转换。方法如下：

①后领中心距领翻折线向下1cm、前领角距领翻折线向下0.7cm处作剪开线，将衣领分成翻领、领座两部分。

②在领座上设置两条剪开线，并收缩使领下口线成水平状，完成领座造型。

③为保证领座与翻领的缝合线吻合，可在翻领后中线作调整。

4. 样板结构绘制　具体绘制方法如图4-3-5所示。

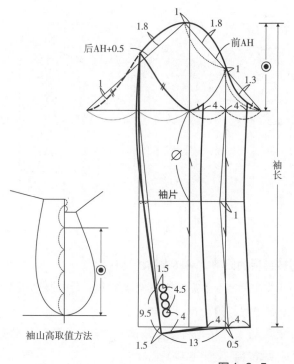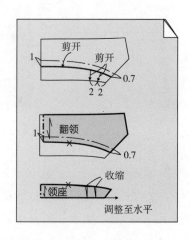

图4-3-5

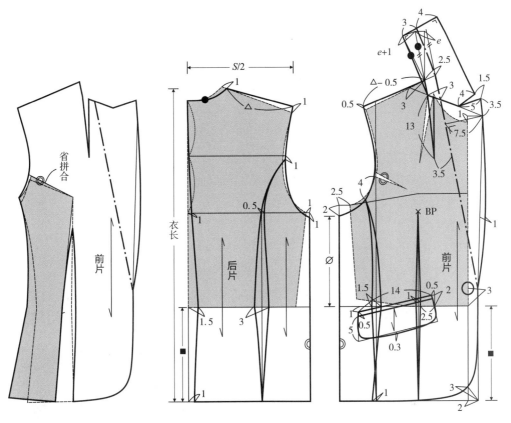

图4-3-5 戗驳领女西装样板结构图

1. 款式特点 如图4-3-6所示。此款女装廓型修身、合体，前、后衣身分别设置了公主线及腰省，门襟保留着西装驳头，结合风衣式立翻领，配上盖式贴袋，全身缉双明线装饰，整体服装稳重又富有朝气。

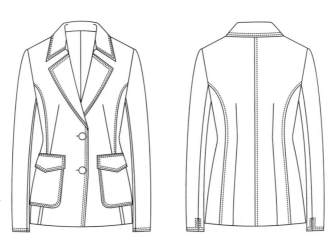

图4-3-6 驳领贴袋女装款式图

2. 制图规格　如表4-3-3所示。

表4-3-3　成品规格表 　　　　　　　　　　　　　　　单位：cm

号型	部位	衣长	胸围	肩宽	袖长	袖口宽
160/84A	规格	66	100	40	57	13

3. 制图要点分析

（1）此款女装利用女装原型样板进行结构绘制。

（2）衣长的确定：根据尺寸规格在后片中心线标注衣长，测量出腰节至底边的尺寸，用符号"□"表示。

（3）前片的绘制：原型样板腰节向下加放"□"的量，确定出前片衣长。搭门宽外放2cm、领口宽加宽1cm、肩端点加放1cm、袖窿深线下移2.5cm、侧缝外展1.5cm，完成外轮廓线。绘制内部结构：公主线分割、腰省、贴袋。

（4）后片的绘制：先绘制外部结构，领口深下移0.7cm、领口宽加宽1.2cm、肩端点抬高1cm、肩宽与前肩宽相同、袖窿深下移1.5cm、胸围加放1.5cm、侧缝外展1.5cm。再绘制内部结构，包括分割线及腰省。

（5）袖片的绘制：利用AH值确定袖山高，公式为AH/3+1cm，前袖肥为前AH，后袖肥为后AH。

（6）衣领的绘制：衣领结构包括翻领和领座两部分，可测量出前、后领口弧长后另外配领。

4. 样板结构绘制　具体绘制方法如图4-3-7所示。

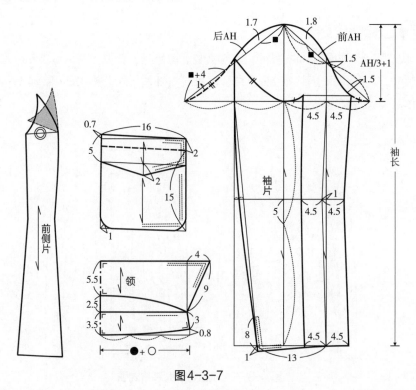

图4-3-7

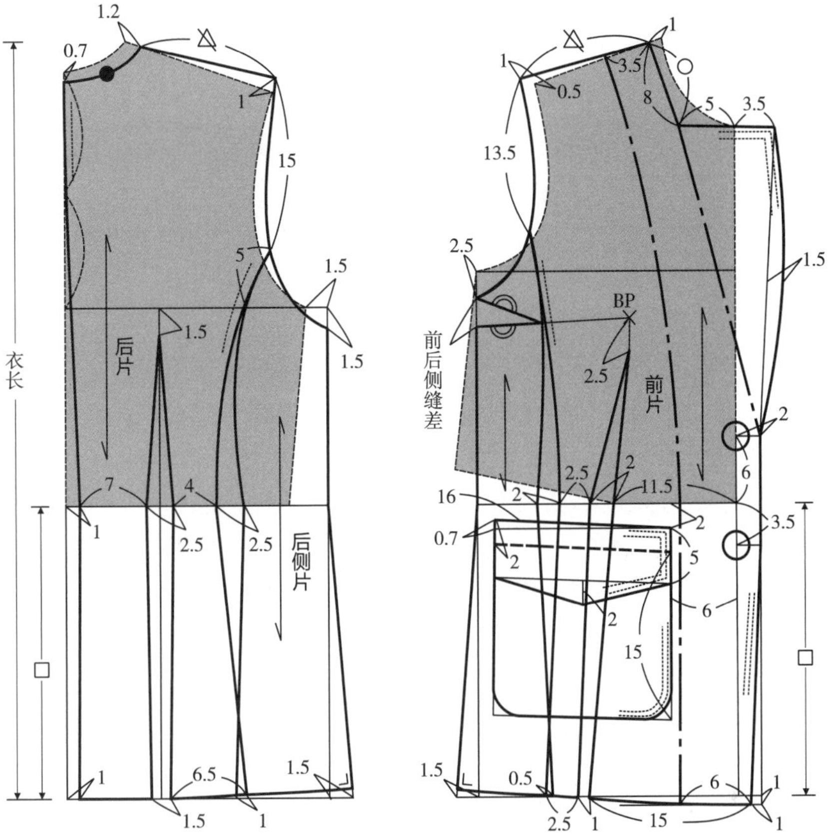

图4-3-7　驳领贴袋女装样板结构图

实例四 关门领束腰式女装

1. 款式特点　如图4-3-8所示。此款女装的前、后衣片腰部上方设公主线分割，腰部下方外展并束腰带做装饰，单门襟5粒扣，关门式翻领、圆装袖，袖口处设开衩。

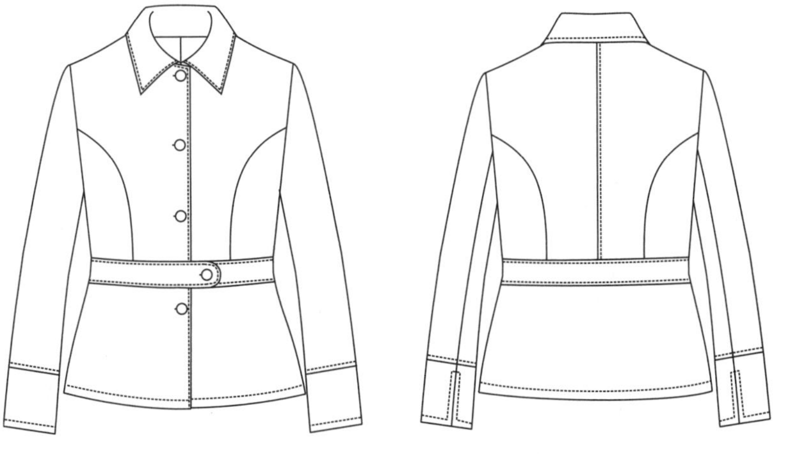

图4-3-8　关门领束腰式女装款式图

2.制图规格　如表4-3-4所示。

表4-3-4　成品规格表

单位：cm

号型	部位	衣长	胸围	肩宽	袖长	袖口宽
160/84A	规格	61	96	39	58	12.5

3.制图要点分析

（1）此款女装可利用原型进行结构绘制。

（2）衣长、袖窿、胸围、领口宽、领口深的确定如图4-3-9所示。

（3）侧缝、底边的确定：腰节线抬高2cm，前片底边向外展放5cm与腰节相连，确定侧缝线；同理，为满足臀部造型的需要，后片侧缝可向外展放6.5cm。关于底边的确定，这里需强调一下，底边起翘不设固定数值，可采用夹角近似直角的方法来确定。

（4）衣领的绘制：此款衣领为关门式翻领，可利用前、后衣片领口弧长另外配制。为使衣领与人体颈部贴服，可将领座部分作转换，方法如图4-3-9所示。

（5）袖片的绘制：利用AH值确定袖山高，公式为AH/3，前袖肥为前AH，后袖肥为后AH；袖头的纱向取纬纱。

4.样板结构绘制　具体绘制方法如图4-3-9所示。

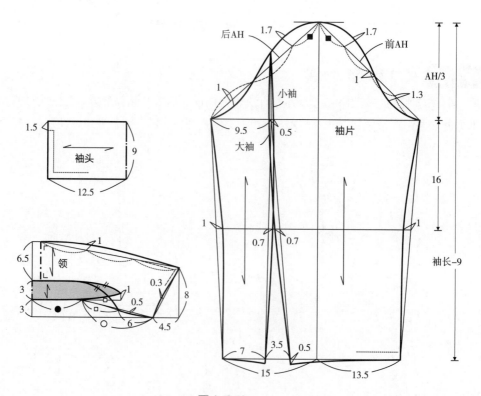

图4-3-9

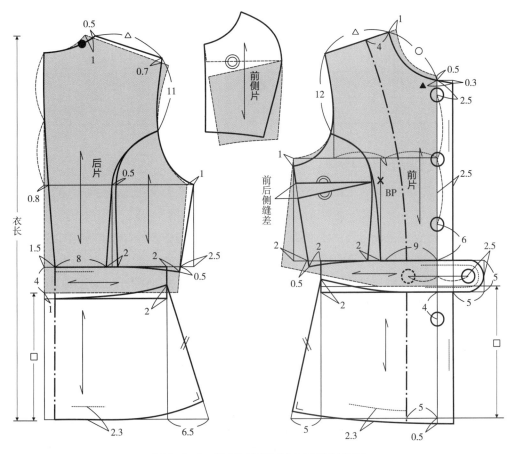

图4-3-9 关门领束腰式女装样板结构图

青果领圆摆女装

1. 款式特点 如图4-3-10所示。此款女装修身、时尚，衣身分割线造型柔美，青果领、一粒扣、圆角止口；肩部合体、圆装两片袖、袖衩圆角并钉两粒装饰扣，整体缉单明线。

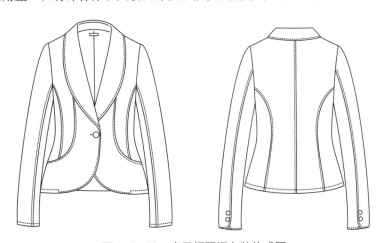

图4-3-10 青果领圆摆女装款式图

2. 制图规格 如表4-3-5所示。

表4-3-5　成品规格表 单位：cm

号型	部位	衣长	胸围	肩宽	袖长	袖口宽
160/84A	规格	60	98	39	57	13

3. 制图要点分析

（1）此款女装可利用原型进行结构绘制。

（2）确定驳头的原则：依据领结构原理及款式图的视觉效果，此款驳头止点可设置在腰节线向上5cm左右处，驳头宽为9cm左右。

（3）翻领倒伏量的确定：由于青果领串口无缺角，要想使领外口线能够更好地贴服衣身，只有通过增加衣领倒伏量的值来实现。

（4）袖开衩的绘制：此款衣袖后袖缝设有开衩，需注意的是开衩只设在小袖上。

4. 样板结构绘制 具体绘制方法如图4-3-11所示。

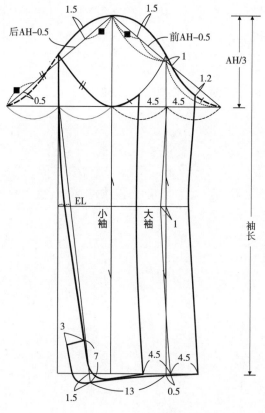

图4-3-11

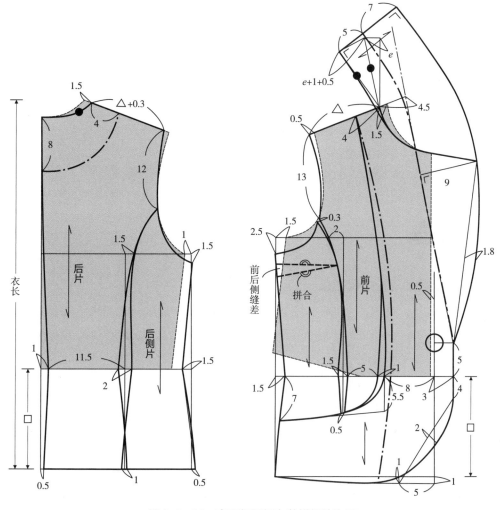

图4-3-11　青果领圆摆女装样板结构图

💡 **思考及练习**

1. 完成平驳领女西装的样板绘制。

2. 自行设置尺寸规格，完成戗驳领女西装的样板绘制。

3. 完成青果领圆摆女装的样板绘制。

4. 完成驳领贴袋女装的样板绘制。

5. 完成关门领束腰女装的样板绘制。

任务二 男西装、套装样板实例

任务描述

1. 通过分析、审视掌握男西装、套装的款式特点。
2. 掌握不同款式男西装、套装的尺寸规格设置。
3. 掌握男西装、套装的结构设计分析要点。
4. 掌握男西装、套装的结构制板技术。

任务实施

实例一 平驳领两粒扣男西装

1. 款式特点 如图4-3-12所示。此款男西装款式经典、廓型挺括、庄重。前衣片门襟为单排两粒扣、平驳领、左胸前配手巾袋，衣身大袋为双嵌线挖袋；圆装两片袖、袖山饱满。

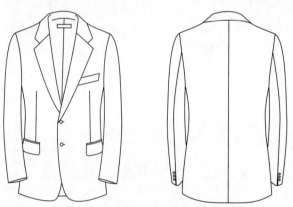

图4-3-12 平驳领两粒扣男西装款式图

2. 制图规格 如表4-3-6所示。

表4-3-6 成品规格表 单位：cm

号型	部位	衣长	胸围	肩宽	背长	袖长	袖口宽
175/92A	规格	75	108	46	43	59	15

3. 制图要点分析

（1）此款西装采用比例法从后片开始进行结构绘制。

（2）衣长、背长的确定：衣长在后片确定，从上平线量至下平线；背长的确定是从上平线量至腰节线。

（3）袖窿深线的确定：公式为1.5B/10+8.5cm，从上平线向下量取。

（4）后领口深、后落肩线的确定：上平线向上抬高2.5cm，确定后领口深；后落肩从抬高的领口深线向下量取，公式为$B/20-0.5$cm。

（5）后背宽、后领口宽的确定：后背宽公式为$1.5B/10+4.5$cm，后领口宽公式为背宽/$2-1$cm，从背宽线引直线至颈肩点。

（6）前领口深、前落肩线的确定：前领口深取定数7.5cm，在前中心线上截取；前落肩公式为$B/20$，从上平线向下量取。

（7）前胸宽、前领口宽的确定：前胸宽公式为$1.5B/10+3.5$cm，前领口宽公式为胸宽/$2+1$cm，从胸宽线引直线交于上平线。

（8）袖山高的确定：测量前、后衣片袖窿弧长（AH值），利用$AH/3+0.5$cm确定袖山高。

（9）袖肥的确定：公式为$AH/2-1.5$cm，绘制方法如图4-3-13所示。

（10）衣领的绘制：量取衣片后领口弧长，用符号"●"表示，在前衣片上配制西装领，需强调的是衣领需作分领转换方可缝制。

4. 样板结构绘制　具体绘制方法如图4-3-13所示。

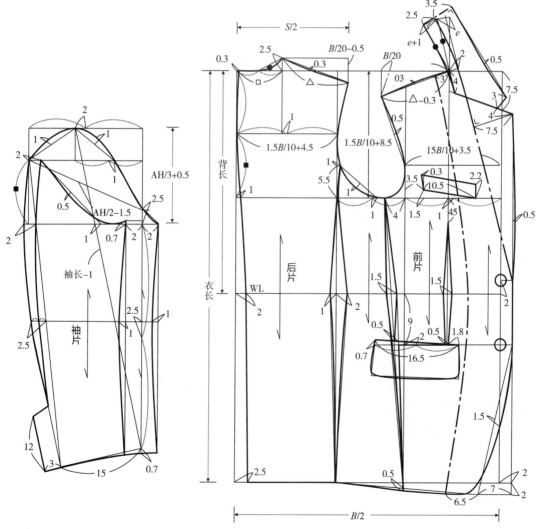

图4-3-13　平驳领两粒扣男西装样板结构图

项目四　服装成品样板实例

1. 款式特点 如图4-3-14所示。此款戗驳领男西装的廓型与两粒扣西装相似。不同之处如下：前身片门襟为直角止口、双排六粒扣、戗驳领，后片侧缝开衩。

图4-3-14 戗驳领双排扣男西装款式图

2. 制图规格 如表4-3-7所示。

表4-3-7 成品规格表 单位：cm

号型	部位	衣长	胸围	肩宽	背长	袖长	袖口宽
175/92A	规格	76	110	46	43	59	15

3. 制图要点分析

（1）此款男西装采用比例法从后片开始进行结构绘制。

（2）驳头宽的确定：根据款式图中驳头宽与胸宽的比例关系来确定宽度，通常取定数8~9cm，这里取中间值8.5cm。

（3）衣领倒伏量的确定：由于门襟较宽，得到的驳口翻折线倾斜角度大，因此应适当减少衣领倒伏量的角度，表达公式为$e+0.5cm$。

（4）袖肥的确定：袖肥公式为AH/2-2cm（调节量），为使袖型更加合体也可适当加大调节量。

4. 样板结构绘制 具体绘制方法如图4-3-15所示。

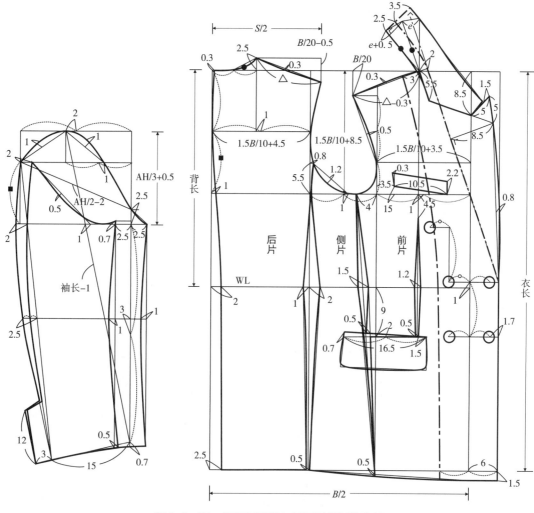

图4-3-15　戗驳领双排扣男西装样板结构图

实例三　青果领男西装

1. 款式特点　如图4-3-16所示。此款西装常用于商务活动、晚宴或年会等重要场合。整体廓型与西装相同，不同之处表现在衣领与驳头相连，形状似青果；背中缝设有开衩。

面料选择更加丰富，衣领常以丝绒、绸缎等面料与衣身搭配，这种面料材质、颜色的不同，使服装显得更加贵气。

2. 制图规格　如表4-3-8所示。

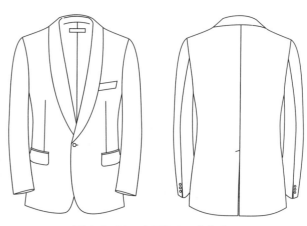

图4-3-16　青果领男西装款式图

表4-3-8　成品规格表　　　　　　　　　　　　　　　　单位：cm

号型	部位	衣长	胸围	肩宽	背长	袖长	袖口宽
175/92A	规格	76	106	46	43	58	15

3. 制图要点分析

（1）此款男西装可采用比例法从后片开始进行结构绘制。

（2）青果领驳头止点的确定：款式图显示驳头止点在腰节线与袋位之间，这里可设定为袋位向上4cm处。

（3）衣领倒伏量的确定：由于青果领的衣领与驳头相连，没有缺角，故无法补充衣领翻转后的松紧度，因此应适当增加衣领的倒伏量，以保证领外口与衣身的贴服度，倒伏量的公式定为$e+1.5$cm。

（4）袖山高、袖肥的确定：首先测量出前、后衣片袖窿弧长（AH）值，利用公式$AH/3+0.5$cm确定袖山高；袖肥的确定可利用公式$AH/2-2.5$cm（调节量）来完成。这里需强调一下，根据袖山与袖肥成反比的原理，如果想使袖型更加合体瘦些，就需适当加大袖山高的取值，总之袖山高越大袖肥就越瘦。

4. 样板结构绘制　具体绘制方法如图4-3-17所示。

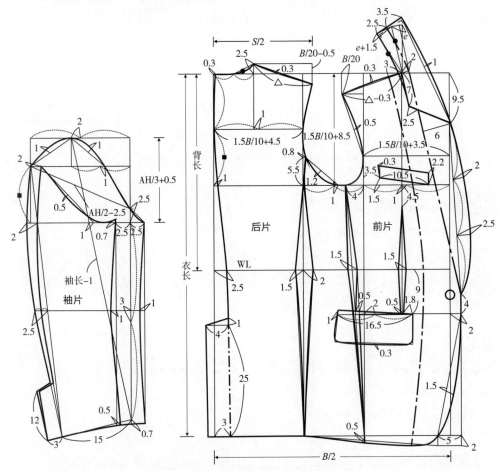

图4-3-17　青果领男西装样板结构图

1. 款式特点　如图4-3-18所示。此款男西装除去了商务正装的沉闷，显得轻松随意，为追求品位生活的男士带来更多选择。在服饰的搭配上更加多样，配正装衬衫、西裤显得帅气优雅；配休闲衬衫及棉质休闲裤，则显得轻松、时尚。

前、后片的分割、贴袋给服装增添了更多的设计元素，通过不同色彩、材质的搭配，增加了时尚性。面料的选择丰富、广泛，常用材料为棉、麻、丝、毛或是按比例混纺的面料。

图4-3-18　商务休闲男西装款式图

2. 制图规格　如表4-3-9所示。

表4-3-9　成品规格表　　　　　　　　　　单位：cm

号型	部位	衣长	胸围	肩宽	背长	袖长	袖口宽
175/92A	规格	73	108	45	43	57	15

3. 制图要点分析

（1）此款男西装可采用比例法从后片开始进行结构绘制。

（2）衣长尺寸规格的确定：休闲西装是日常穿着的服装，为达到舒适、随意、活动方便的目的，一般衣长尺寸设置可偏短些，通常衣长定在臀围线向上3~5cm为宜。

（3）落肩的确定：由于休闲西装不放垫肩，因此落肩的取值可适当增加。后落肩利用公式$B/20+0.5cm$得到，前落肩则利用胸宽线与上平线交点向下4.5cm得到。

（4）衣领串口线的确定：为使驳头造型美观，与衣领的比例适合，串口线需上提，可确定在上平线与前中心线交点向下6cm的位置。

（5）分割线的设置：分割线应围绕人体肩部造型进行设置，分割时还应考虑人体背部肩胛骨突出、锁骨凹进等体型特征，将省转入分割线中。具体方法是后袖窿分割线起翘0.5cm，前片分割线中间部分抽掉0.3cm。

4. 样板结构绘制　具体绘制方法如图4-3-19所示。

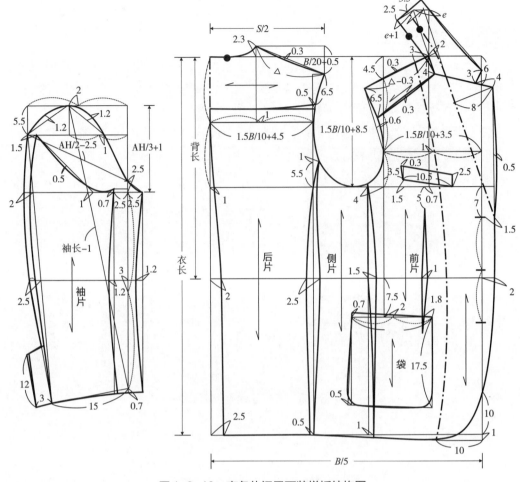

图4-3-19　商务休闲男西装样板结构图

实例五 胖体男西装

1. 款式特点　如图4-3-20
所示。此款男西装适合体型偏
胖、腹部突出的男士穿着。所谓
胖体是与标准体相对而言，款式
图外观效果看似与平驳领男西装
相同，但由于局部形体的特殊
性，腰围与胸围的差缩小或是腰
围等于甚至大于胸围，所以制图
时需恰当地利用收省、展放、重
叠、加放松度、修改尺寸以及工
艺的归、拔、熨、烫等方法，使
服装符合特殊体型的要求，从而
达到穿着合体、美观的效果。

图4-3-20　胖体男西装款式图

2. 制图规格 如表4-3-10所示。

表4-3-10 成品规格表
单位：cm

号型	部位	衣长	胸围	腰围（净）	背长	肩宽	袖长	袖口宽
175/102C	规格	74	118	98	44	47	59	16

3. 制图要点分析

（1）此款男西装可采用比例法进行结构绘制。

（2）放松量的计算公式：放松量可利用实测的腰围尺寸减去标准体的腰围尺寸得到。
公式为：放松量 $= W_{实} - W_{标} = 98cm - 88cm = 10cm$。

（3）前片放松量的绘制方法：为解决胖体腹部前凸的状态，在绘制前片结构图时需在腰围线上增加放松量/4，作为新的前中心线，然后取中点与胸围线的前中心线相连，同时通过此点反向作延长线交于下平线。

（4）搭门宽的确定：搭门宽度定为2cm，从加放了放松量/4的新前中心线向外量取。

（5）后片、领、袖的绘制：除前片外，其余部分（后片、领、袖）的制图与标准男西装的方法基本相同，只是全体增大了尺寸，同时袖口、衣袋也要适当加大一些，以配合衣身的平衡。

4. 样板结构绘制 具体绘制方法如图4-3-21所示。

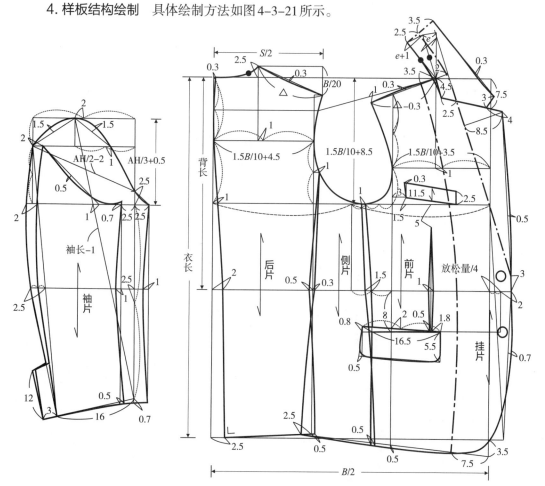

图4-3-21 胖体男西装样板结构图

💡 思考及练习

1. 完成平驳领男西装的结构样板绘制。

2. 自行设置尺寸规格，完成戗驳领男西装的结构样板绘制。

3. 完成青果领男西装的结构样板绘制。

4. 自行设置尺寸规格，完成商务休闲男西装的结构样板绘制。

5. 完成胖体男西装的结构样板绘制。

模块四 大衣、风衣样板实例

终极目标：利用服装结构设计原理、技术，完成男、女各类服装的成品纸样制板。

促成目标：

1. 学会审视、分析大衣、风衣款式图。

2. 掌握大衣、风衣各部位尺寸规格的设置。

3. 利用相关原理、制图方法及技术完成不同大衣、风衣的样板设计。

● 教学任务

1. 掌握服装款式造型的审视及分析。

2. 依据上装结构设计原理完成各类大衣、风衣纸样的结构变化。

3. 掌握各类大衣、风衣成品结构的样板技术。

任务一 女大衣、风衣样板实例

● 任务描述

1. 通过分析、审视掌握女大衣、风衣的款式特点。

2. 掌握不同款式女大衣、风衣的尺寸规格设置。

3. 掌握女大衣、风衣的结构设计方法。

4. 掌握女大衣、风衣变化款式的结构制板技术。

● **任务实施**

实例一 箱型女大衣

1. 款式特点 如图4-4-1所示。此款大衣廓型呈箱型，款式简洁、衣身合体、松量适当。前、后衣身分别设有纵向分割线，衣摆微展；圆角盖式明贴袋、关门领、五粒扣、袖口配有外翻袖头作为装饰。面料可选择粗纺花呢及羊毛、驼毛及优质羊驼绒等面料。

2. 制图规格 如表4-4-1所示。

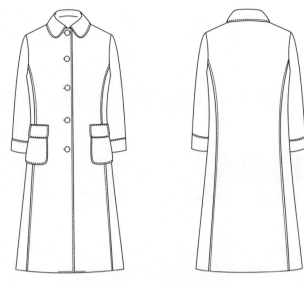

图4-4-1　箱型女大衣款式图

表4-4-1　成品规格表　　　　　　　　　　　　　　单位：cm

号型	部位	衣长	胸围	肩宽	臀围	袖长	背长	袖口宽
160/84A	规格	105	100	42	106	58	39	13.5

3. 制图要点分析

（1）此款女大衣可利用公式法完成样板的结构绘制。

（2）撇胸的确定：在关门领服装的结构设计中，为解决人体胸部的问题，需在门襟处收进一定的量，这个量称之为撇胸量，根据胸部的倾斜大小，通常可定为1~2cm。沿领口深线向里进1cm，通过此点向上作平行线交于上平线，向下作斜线交于胸围线。

（3）前、后落肩的确定：前落肩从上平线向下量取，公式为 $B/20$；后落肩从上平线向上提1cm，以此点的水平线再向下量取，公式为 $B/20$。

落肩取值原理：当不加垫肩时可适当加深落肩取值，利用公式 $B/20+0.5cm$ 确定，以适合人体肩部造型；反之，加装垫肩时，可根据垫肩的薄厚减少落肩取值，利用公式 $B/20-0.5cm$ 确定。

（4）领省的确定：在领口弧线上设置领省，省位距前中心线6cm，省大1cm，省长7cm，省尖指向BP点。

（5）衣袖的绘制：在一片袖基础上完成，袖山吃量需转入袖中缝分割线中，袖口收进，为符合人体手臂的向前弯曲，袖肘线需前凹进后凸出。

4. 样板结构绘制 具体绘制方法如图4-4-2所示。

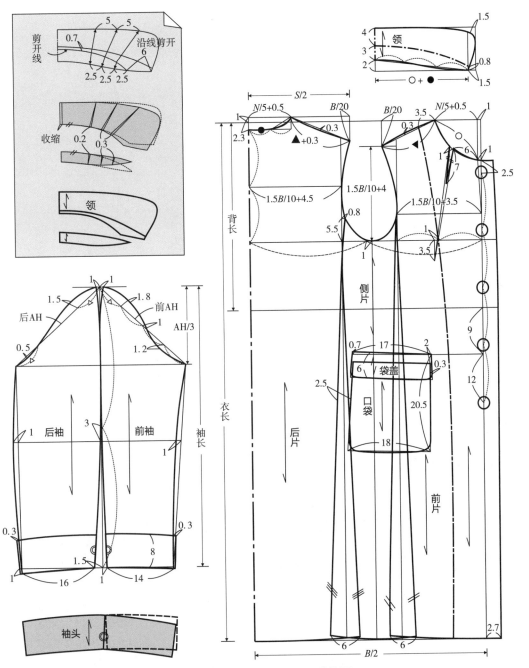

图4-4-2 箱型女大衣样板结构图

实例二 戗驳领收腰女大衣

1. 款式特点 如图4-4-3所示。此款女大衣整体突显女性体型特征。根据面料的选择及服饰搭配既可用作正装,又可用作休闲装穿着。

款式特点突出:腰部以上似戗驳领西装、驳领止点至腰节,双排六粒扣;衣身设公主线分割,衣摆外展;前片胸部分割线上设置斜向胸省、盖式斜插袋;后片背中缝开衩,腰部钉装饰腰襻;肩部合体,圆装两片袖,袖山饱满,袖型挺括。

图4-4-3　戗驳领收腰女大衣款式图

2. 制图规格　如表4-4-2所示。

表4-4-2　成品规格表

单位：cm

号型	部位	衣长	胸围	臀围	背长	肩宽	袖长	袖口宽
160/84A	规格	118	100	104	39	41	58	15

3. 制图要点分析

（1）落肩的确定：确定落肩时需考虑垫肩厚度，如果不加垫肩或是加装薄垫肩，前落肩公式为$B/20$，后落肩公式为$B/20-0.5$cm；如果加装厚垫肩，可在落肩标准取值的基础上减去垫肩的厚度，如垫肩厚度为1cm，落肩取值公式为$B/20-1$cm。

（2）腰省的确定：为使腰部合体，在分割线中可加大腰省量，前片收进2.5cm，后片收进3cm，同时衣摆分别向外展放，放量依据需求自定。

（3）袖山高、袖肥的确定：袖山高利用公式或取前、后片中点至袖窿深的5/6份确定；袖肥利用前、后袖窿弧长（AH值）确定，前袖肥公式为前AH+0.5cm，后袖肥公式为后AH+1cm。

4. 样板结构绘制　具体绘制方法如图4-4-4所示。

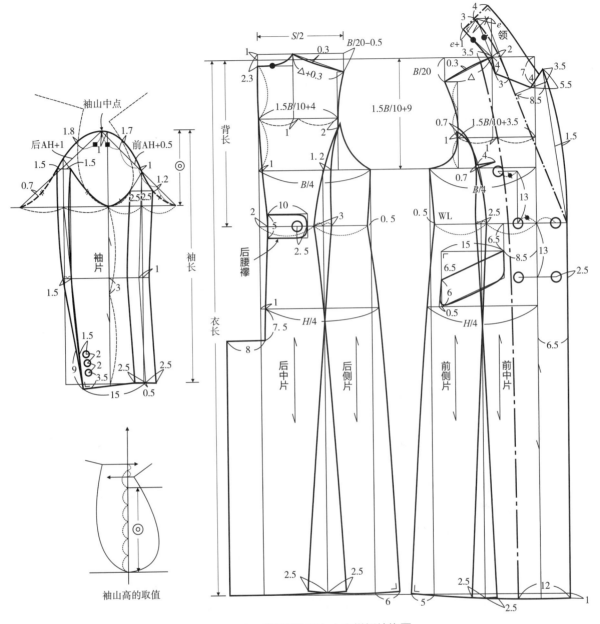

图4-4-4 戗驳领收腰女大衣样板结构图

实例三 立翻领女风衣

1. 款式特点 如图4-4-5所示。此款风衣是从战壕风衣变化而来。相比较而言，廓型更加修身，前、后衣身作公主线分割，背部设育克，背中缝对褶、袖口加装袖带、腰部加装腰带，全身缉明线装饰，整体风格干练、帅气。

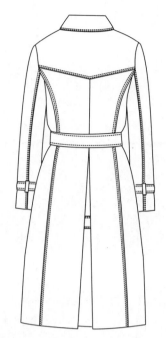

图4-4-5　立翻领女风衣款式图

2. 制图规格　如表4-4-3所示。

表4-4-3　成品规格表

单位：cm

号型	部位	衣长	胸围	肩宽	领围	袖长	袖口宽
160/84A	规格	100	100	42	42	59	14.5

3. 制图要点分析

（1）此款女风衣可利用女装原型样板进行结构绘制。

（2）领口宽、领口深的确定：前领口深需沿前中心线将原型领口深下移1.5cm；前领口宽沿前小肩线将原型颈肩点加宽1cm，后领口宽沿后小肩线将原型颈肩点加宽1.5cm。

（3）胸围、袖窿深的确定：胸围的确定需先计算出成品胸围与原型胸围的差值，再除以2，得到数值为3cm，将3cm进行分配，前片胸围加1cm，后片胸围加2cm；袖窿深前片下移3.5cm、后片下移2.5cm。

（4）袖山高、袖肥的确定：袖山高取定值16cm，或是测量出前、后袖窿弧长（AH值），利用公式AH/3+1cm得到；前袖肥为前AH，后袖肥为后AH。

（5）小袖片的确定：将绘制好的前里袖缝分割片（2.5cm部分）与后里袖缝拼合，形成新的小袖轮廓，绘制方法如图4-4-6所示。

（6）衣领的绘制：衣领结构包括翻领、领座两部分，领长利用领围/2进行绘制；也可测量出前、后领口弧长进行绘制，方法如图4-4-6所示。

4. 样板结构绘制　具体绘制方法如图4-4-6所示。

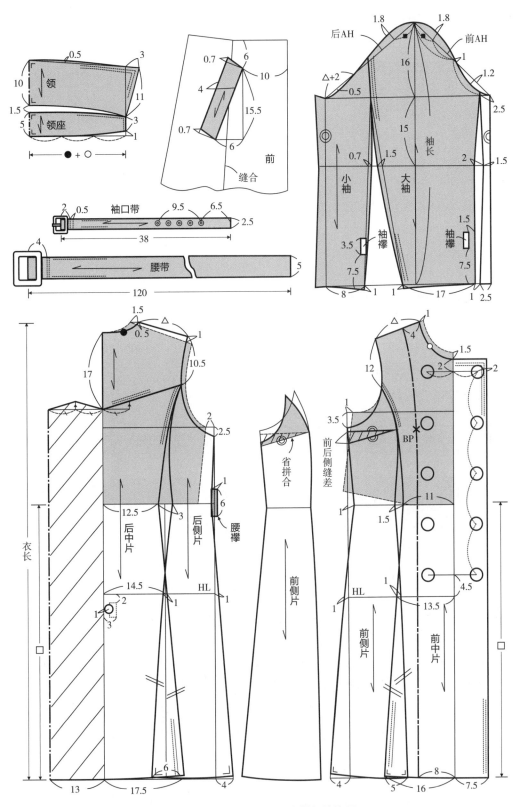

图4-4-6　立翻领女风衣样板结构图

实例四　连肩袖女风衣

1. 款式特点　如图4-4-7
所示。此款风衣廓型呈 X 型，
前、后衣片利用公主线分割收
腰、展摆；连肩袖、立翻领；
后片设背中缝、腰部做腰带式
分割，钉两粒装饰扣。面料的
选择不同，可呈现不同的着装
效果，通常可选择卡其布、派
力司、华达呢及化纤混纺等
面料。

图4-4-7　连肩袖女风衣款式图

2. 制图规格　如表4-4-4所示。

表4-4-4　成品规格表　　　　　　　　　　　　　　　　单位：cm

号型	部位	衣长	胸围	肩宽	背长	领围	袖长	袖口宽
160/84A	规格	114	105	40	39	42	58	14.5

3. 制图要点分析

（1）此款女风衣可利用比例法进行结构绘制。

（2）袖窿深、胸围的确定：均可利用 $B/4$ 确定。注意后袖窿深从领口深线的水平线向
下量取。

（3）袖中线的绘制：绘制方法同插肩袖。在确定袖中线时需考虑袖肥大小，此款风衣
的袖肥较瘦，前袖中线取中点向衣身偏进1.5cm，后袖中线取中点向衣身偏进0.5cm。

（4）腋下袖窿的绘制：先将后肩端点向里2cm（前肩端点向里1.5cm）的点与胸围点作
斜线相连，取斜线中点向下2cm，然后通过此点将前片内进5cm、后片内进4.5cm，以此点
作衣身袖窿腋下点；最后分别作直线与袖窿深线、胸围线相连，并且两条线段相等，完成
腋下袖窿弧线的绘制。

（5）衣领的绘制：在衣身上配领，由于衣领后面为立领造型，所以需适当减少倒伏量
的取值，否则会导致衣领立不住，具体绘制方法如图4-4-8所示。

4. 样板结构绘制　具体绘制方法如图4-4-8所示。

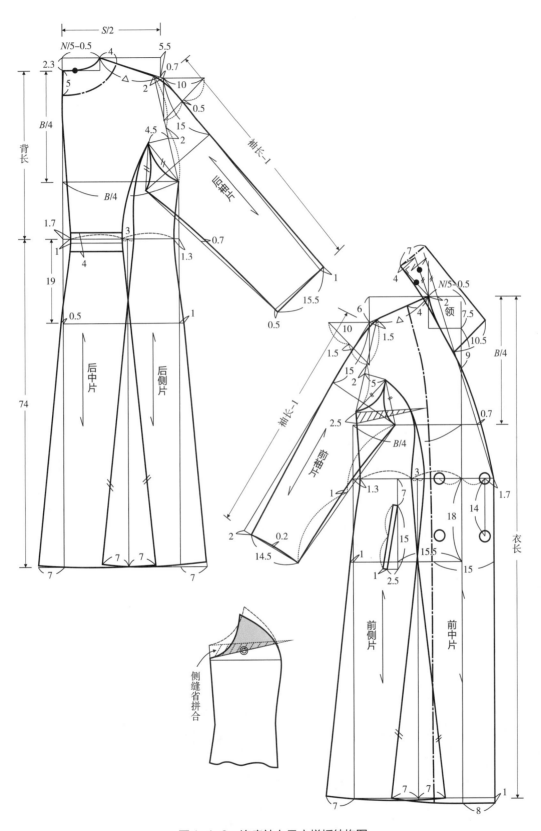

图4-4-8　连肩袖女风衣样板结构图

实例五 粗呢牛角扣女大衣

1. 款式特点 如图4-4-9所示。此款大衣整体廓型为宽松的箱型，可满足各种体型的需要，不限年龄、性别均可穿着。肩部设有盖覆肩增加保暖性，门襟钉装牛角扣、绳襻，既方便穿脱，又可变换门襟朝向。通常选择无夹里麦尔登呢以及双面羊毛、羊绒、驼绒及毛呢混纺面料。

图4-4-9　粗呢牛角扣女大衣款式图

2. 制图规格 如表4-4-5所示。

表4-4-5　成品规格表

单位：cm

号型	部位	衣长	胸围	肩宽	背长	领围	袖长	袖口围
160/84A	规格	100	110	42	39	42	59	30

3. 制图要点分析

（1）此款女大衣可利用公式法进行结构绘制。

（2）确定衣长的原则：衣长通常设置在膝盖左右，长短可依据个人喜好调节。

（3）袖窿深的确定：根据胸围尺寸适当加深袖窿深，以保证穿着的舒适性，根据公式$1.5B/10+9cm$取值。

（4）侧缝的确定：依据三开身法，可将侧缝定在背宽线附近，这样有益于前片贴袋的绘制，同时也能缓解因面料过厚，缝纫时机器不吃厚、跳线或难以整烫平服等现象。

（5）连身帽的绘制：帽子分为上、下两片，帽的大小由衣身领口尺寸决定，具体绘制方法如图4-4-10所示。

4. 样板结构绘制 具体绘制方法如图4-4-10所示。

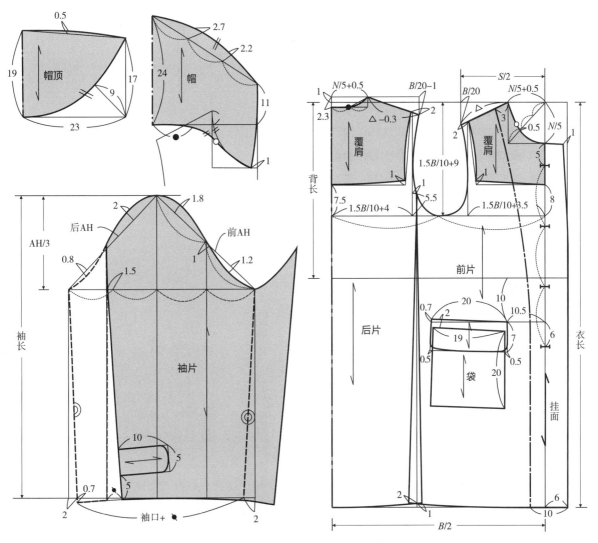

图4-4-10　粗呢牛角扣女大衣样板结构图

💡 **思考及练习**

1. 完成箱型女大衣的样板绘制。

2. 完成戗驳领收腰女大衣的样板绘制。

3. 完成立翻领女风衣的样板绘制。

4. 完成连肩袖女风衣的样板绘制。

5. 自行设置尺寸规格，完成粗呢牛角扣女大衣的样板绘制。

任务二　男大衣、风衣样板实例

● 任务描述

1. 通过分析、审视掌握男大衣、风衣的款式特点。
2. 掌握不同款式男大衣、风衣的尺寸规格设置。
3. 掌握男大衣、风衣的结构设计分析要点。
4. 掌握男大衣、风衣的结构制板技术。

● 任务实施

实例一　平驳领男大衣

1. **款式特点**　如图4-4-11所示。此款男大衣款式经典、结构简单，廓型挺括，着装效果庄重。前片门襟为单排三粒扣、平驳领、斜插袋，圆装三片袖、袖口设装饰襻，背中缝开衩。面料可选择华达呢、麦乐登呢及双面羊毛绒等面料。

2. **制图规格**　如表4-4-6所示。

表4-4-6　成品规格表　　　单位：cm

号型	部位	衣长	胸围	肩宽	背长	袖长	袖口宽
175/92A	规格	103	116	46	43	59	17

3. **制图要点分析**

（1）此款男大衣采用比例法从后片开始进行结构绘制。

（2）衣长、背长的确定：衣长尺寸规格设置没有固定要求，依喜好而定，确定方法根据衣长尺寸从上平线量至下平线；背长从上平线量至腰节线。

（3）袖窿深线的确定：公式为1.5B/10+9cm，从上平线向下量取。

（4）后领口深、后落肩线的确定：后领口深需从上平线向上抬高2.5cm；后落肩从抬高的领口深线向下量取，公式为B/20-0.5cm或取定数5.5cm。

（5）后背宽、后领口宽的确定：后背宽公式为

图4-4-11　平驳领男大衣款式图

1.5B/10+4.5cm，后领口宽公式为背宽/2-1cm，从背宽线引直线至颈肩点。

（6）前领口深、前落肩线的确定：前领口深取定数6cm，在前中心线上截取；前落肩公式为B/20或取定数5.5cm，从上平线向下量取。

（7）前胸宽、前领口宽的确定：前胸宽公式为1.5B/10+3.5cm，前领口宽公式为胸宽/2+1cm，从胸宽线引直线交于上平线。

（8）袖山高、袖肥的确定：测量前、后衣片袖窿弧长（AH值），利用AH/3+0.5cm确定袖山高；袖肥公式为AH/2。

（9）袖中分割线的绘制：这条分割线从外观看似一条装饰线，但实际上不能用直线表达，需考虑大臂外部肌肉的厚度和袖山的收缩量，因此需用曲线表达。绘制方法如图4-4-12所示。

（10）衣领的绘制：量取后领口弧长，用符号"●"表示，可在前衣片上配制。

4.样板结构绘制　具体绘制方法如图4-4-12所示。

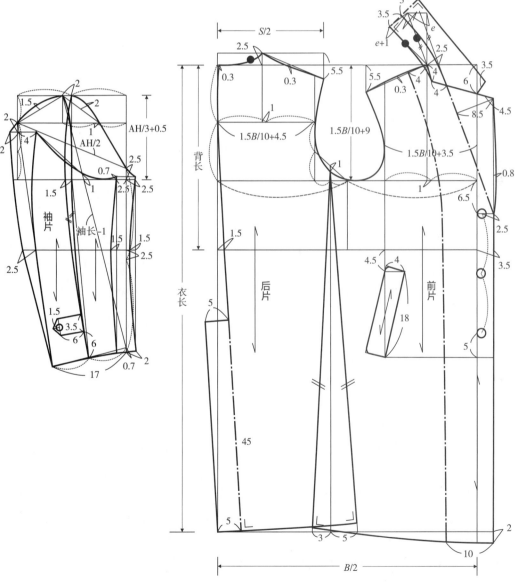

图4-4-12　平驳领男大衣样板结构图

实例二 柴斯特式男大衣

1. 款式特点 如图4-4-13所示。此款男大衣的名称来自18世纪英国伯爵柴斯特·菲尔德四世，到如今，仍是绅士们的"风向标"。其结构与戗驳领男西装相似，不同之处表现在衣长加长、袖中缝分割、袖口加袖襻、背中缝开衩。在当今时代，面料的选材多为柔软的羊绒材质，不仅穿着舒适、保暖，版型上也能达到更自然的悬垂感。

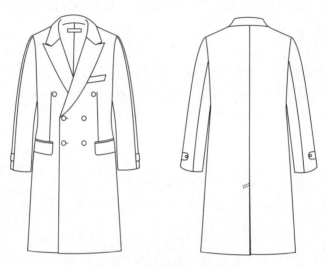

图4-4-13　柴斯特式男大衣款式图

2. 制图规格 如表4-4-7所示。

表4-4-7　成品规格表　　　　　　　　　　　　　　　　　单位：cm

号型	部位	衣长	胸围	肩宽	背长	袖长	袖口宽
175/92A	规格	103	118	47	43	60	17

3. 制图要点分析

（1）此款男大衣采用比例法从后片开始进行结构绘制。

（2）驳头宽度的确定：对于大衣而言，由于各尺寸的增加，确定驳头宽度时也应考虑与整体服装的协调，可参考胸宽的比例来确定宽度，这里取定数9cm。

（3）衣领倒伏量的确定：随着门襟宽度的增加，驳口翻折线倾斜度也增大，同时还应考虑内穿服装的厚度，因此，衣领倒伏量取值公式为$e+1cm$。

（4）袖山高、袖肥的确定：袖山高取值公式为$AH/3+0.5cm$；袖肥的取值公式为$AH/2-1.5cm$（调节量），调节量可依据袖型的合体程度作调整。

（5）袖中分割线的绘制：这条分割线的作用包括两个方面，一是审美，通过纵向分割增加修长的视觉效果；二是塑型，通过曲线的外凸、袖山的收缩，解决人体手臂外侧肌肉厚度及袖山饱满度的问题。

4. 样板结构绘制 具体绘制方法如图4-4-14所示。

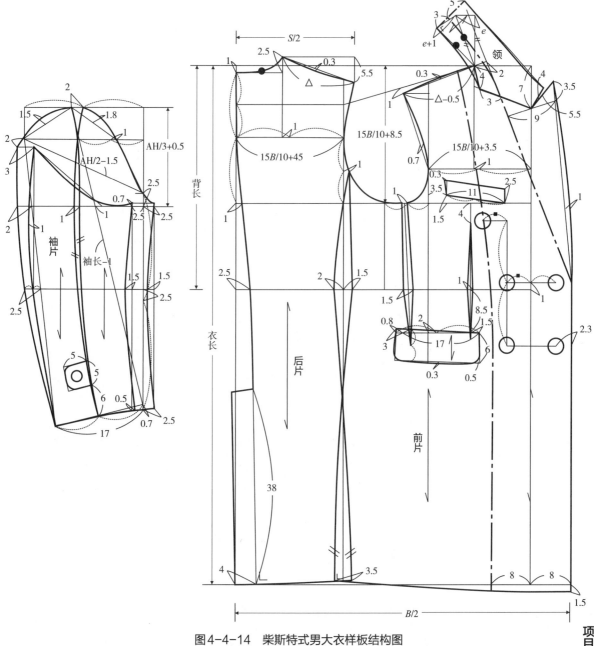

图4-4-14　柴斯特式男大衣样板结构图

实例三 意大利中长男大衣

1. **款式特点** 如图4-4-15所示。此款大衣多为日常使用，属商务休闲类别，整体廓型为H型，暗门襟、领口处钉一粒明扣，平方翻领，肩部合体、前片设有过肩，衣袖可采用一片袖进行分割绘制，整体缉明线装饰。

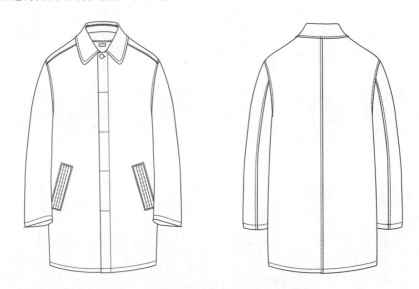

图4-4-15 意大利中长男大衣款式图

面料可依据不同的穿着场合、季节选择，常用的面料有斜纹布、卡其布、华达呢以及双面羊毛绒、黏胶混纺等面料。

2. **制图规格** 如表4-4-8所示。

表4-4-8 成品规格表 单位：cm

号型	部位	衣长	胸围	肩宽	领围	背长	袖长	袖口宽
175/92A	规格	85	118	48	45	43	59	16.5

3. **制图要点分析**

（1）此款大衣采用比例法进行结构绘制。

（2）袖窿深线、胸围线的确定：均可采用$B/4$取得。注意绘制袖窿深线时，需从上平线向下量取。

（3）领口宽、领口深的确定：前、后领口宽公式均为$N/5$。前领口深公式为$N/5$，从上平线向下量取；后领口深为定数2.5cm，从上平线向上量取。

（4）前落肩的确定：考虑是否加装垫肩，从上平线向下量取，可取定数6.5cm，或是利用公式$B/20+0.5cm$取得。

（5）后落肩的确定：从颈肩点的水平延长线向下量取，比前片落肩深，取定数7cm，或是利用公式$B/20+1cm$获取。

（6）袖山高、袖肥的确定：测量前、后片袖窿弧长（AH值），为增加衣袖的舒适性，袖山高利用公式AH/3–1cm确定；利用前AH值得到前袖肥、后AH值得到后袖肥；在后袖片中点作分割线，分别绘制大、小袖结构。

4.样板结构绘制　具体绘制方法如图4-4-16所示。

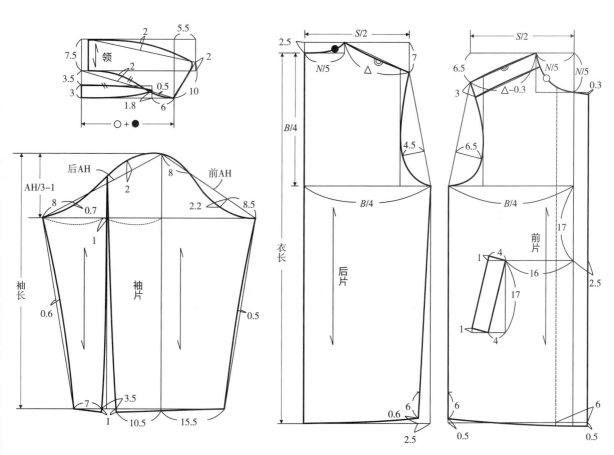

图4-4-16　意大利中长男大衣样板结构图

实例四 战壕式男风衣

1. **款式特点** 如图4-4-17所示。此款风衣源于第一次世界大战时期，是英军使用的防水、防风、适用于战壕生活的军服。直至今日，战壕款风衣与设计之初的样子几乎没有多大差别，仍然保留着传统军装的设计，如大翻领、双排扣、肩襻、防风袖带、腰带等，是追求品质、时尚及个性的男士的必备单品。面料的选择常以华达呢及化纤或是含有黏胶的涂层防水新型材料为主。

图4-4-17 战壕式男风衣款式图

2. **制图规格** 如表4-4-9所示。

表4-4-9 成品规格表 单位：cm

号型	部位	衣长	胸围	肩宽	背长	袖长	袖口宽
175/92A	规格	110	125	47	43	59	17

3. **制图要点分析**

（1）此款风衣采用比例法进行结构绘制。

（2）衣长尺寸规格的确定：因为要系腰带，衣长尺寸设置需在标准长上加出4~5cm。

（3）落肩的确定：需考虑风衣内会穿着西装、制服等含有垫肩的服装，所以落肩不宜太低，可用定值确定。通常前落肩取值5.5cm左右，从上平线向下量取；后落肩取值5cm左右，从颈肩点水平线向下量取。

（4）领口宽、领口深的确定：为保证着装后衣领的舒适性，前、后领口宽需适当加宽，可取定值10~11cm，这里前领口宽取10.5cm、后领口宽取9cm；前领口深的取值同于前领口宽，后领口深取定值2.5cm，从上平线向上量取。

4. **样板结构绘制** 具体绘制方法如图4-4-18所示。

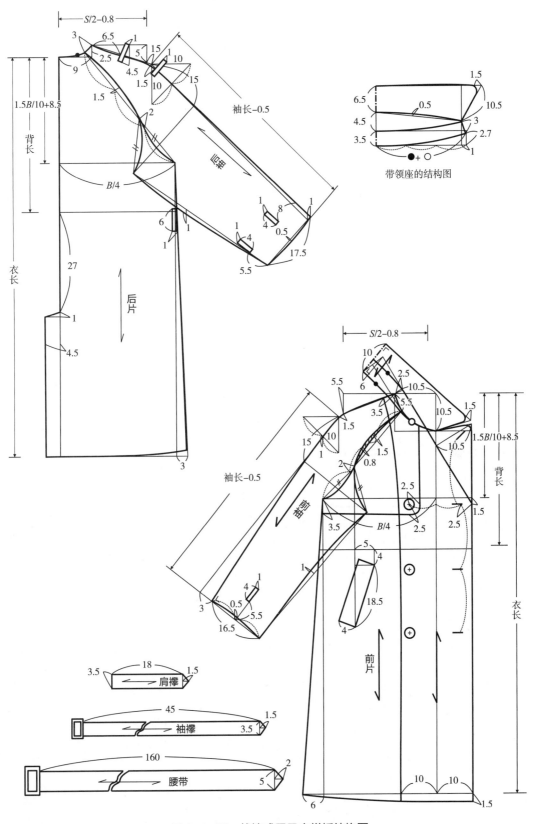

带领座的结构图

图4-4-18 战壕式男风衣样板结构图

实例五 **插肩式男大衣**

1. **款式特点** 如图4-4-19所示。此款大衣是经典款型，插肩设计也称"拉格伦肩"，暗门襟、斜插袋，袖口有袖襻，后背开衩，领子为连领座的翻领。面料的选择多为中厚或厚呢面料，双面羊绒、羊毛材质更佳，也可以采用黏胶类化纤面料制作风衣等，适合成熟男性穿着。

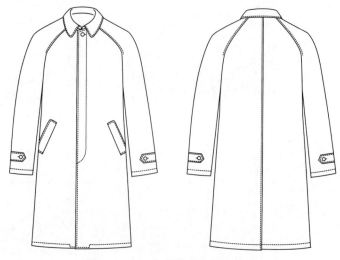

图4-4-19　插肩式男大衣款式图

2. **制图规格** 如表4-4-10所示。

表4-4-10　成品规格表　　　　　　　　　　　　　　单位：cm

号型	部位	衣长	胸围	背长	肩宽	袖长	袖口宽
175/102A	规格	103	120	43	47	59	16.5

3. **制图要点分析**

（1）此款大衣采用比例法进行结构绘制。

（2）插肩袖中线的确定：前袖中线取中点，后袖中线取中点加0.8cm。

（3）衣领的绘制：衣领是带领座的翻领，可在衣身上直接配置，领座分割线需隐藏在翻折线里面，这样不影响外观效果；也可如翻领结构，利用前、后领口弧长另外配制。

4. **样板结构绘制** 具体绘制方法如图4-4-20所示。

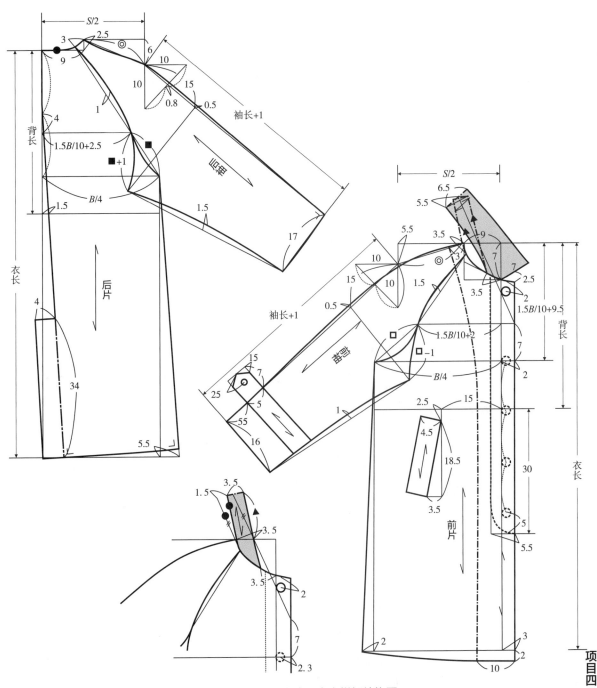

图4-4-20 插肩式男大衣样板结构图

💡 思考及练习

1. 完成平驳领男大衣的结构样板绘制。

2. 完成柴斯特式男大衣的结构样板绘制。

3. 完成意大利中长男大衣的结构样板绘制。

4. 自行设置尺寸规格，完成战壕式男风衣的结构样板绘制。

5. 自行设置尺寸规格，完成插肩式男大衣的结构样板绘制。

模块五　传统服装样板实例

● **教学目标**

终极目标：利用服装结构设计原理、技术，完成男、女各类服装成品纸样制板。

促成目标：

1. 学会审视、分析旗袍、中式便服效果图、款式图。

2. 掌握旗袍、中式便服各部位尺寸规格设置。

3. 利用相关原理、制图方法及技术完成不同旗袍、中式便服样板设计。

● **教学任务**

1. 掌握服装款式造型的审视及分析。

2. 依据上装结构原理掌握旗袍、中式便服纸样的结构变化。

3. 掌握旗袍、中式便服成品结构样板技术。

任务一　旗袍样板实例

● **任务描述**

1. 通过分析、审视掌握旗袍的款式特点。

2. 掌握旗袍的尺寸规格设置。

3. 掌握旗袍的结构设计方法。

4. 掌握旗袍变化款式结构制板技术。

实例一 半袖偏襟旗袍

1. 款式特点 如图4-5-1所示。中式立领，圆式偏襟，前片设有腋下省及腰省，一字盘扣，侧缝装拉链；后片设有肩省及腰省，下摆两侧开衩，圆装短袖。

面料的选择以丝绸为首选，也可选择缎、绢、罗、纱、绒及棉、麻等织物。

2. 制图规格 如表4-5-1所示。

表4-5-1 成品规格表 单位：cm

号型	部位	衣长	胸围	臀围	肩宽	领围	背长	袖长
160/84A	规格	108	92	96	39	38	39	18

3. 制图要点分析

（1）胸围、臀围的规格设置：在旗袍围度尺寸加放时，考虑人体正常呼吸及行动的需求即可，因此胸围的尺寸设置为在净体基础上加6cm左右的松量；臀围的尺寸设置为在净体基础上加4cm左右的松量。

（2）领口宽、领口深的确定：依据立领结构的原理，前、后领口宽公式均为$N/5-0.5$cm；前领口深公式为$N/5+0.5$cm，后领口深为定数。

（3）腰省的确定：在旗袍结构中，考虑廓型的美观，腰部松量应适当多些，这样可以避免因收腰太紧出现横褶的弊病。标准体腰省量可定在3cm左右。

（4）腋下省的绘制：在侧缝线上确定腋下省位，通常设在胸围线向下7cm左右处；

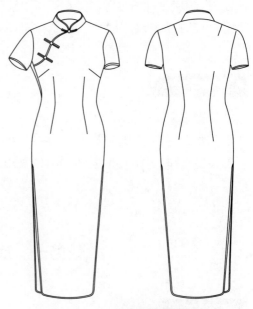

图4-5-1 半袖偏襟旗袍款式图

省量可根据胸部突起程度适当调整，标准省量为1.5cm；省尖指向BP点，距BP点3cm为省长。

（5）衣袖的结构制图要点：通过前、后衣片袖窿弧长（AH值），确定袖山高及袖肥。袖山高公式为AH/3；前袖肥为前AH+1cm，后袖肥为后AH；袖肥直线向里进1.2cm确定袖口。

4. 样板结构绘制 具体绘制方法如图4-5-2所示。

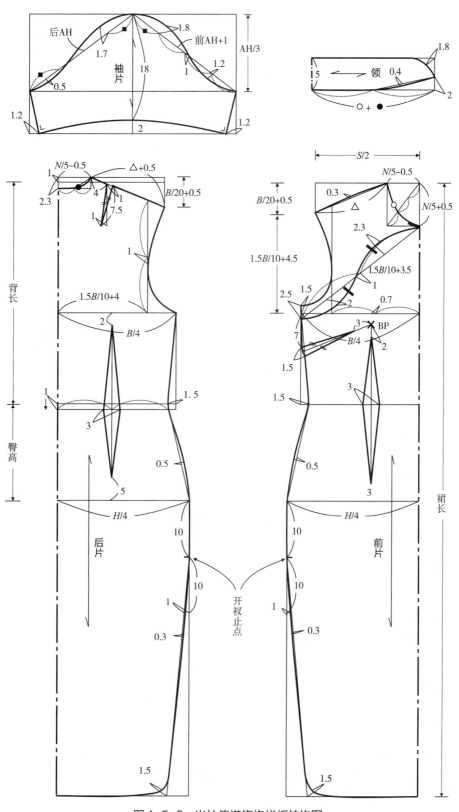

图4-5-2 半袖偏襟旗袍样板结构图

实例二 **水滴式无袖旗袍**

1.款式特点 如图4-5-3所示。从款式图可直观看出，中式立领，水滴式领口，前片设有袖窿省、腋下省及腰省，侧缝装拉链；后片设有腰省及肩省，下摆开衩，无袖结构。

图4-5-3 水滴式无袖旗袍款式图

2.制图规格 如表4-5-2所示。

表4-5-2 成品规格表

单位：cm

号型	部位	衣长	胸围	臀围	肩宽	领围	背长
160/84A	规格	78	90	96	38	39	38

3.制图要点分析

（1）袖窿深的确定：在无袖结构中，考虑到美观，袖窿深线不宜太深，可利用公式 $1.5B/10+3cm$ 确定，从落肩点向下量取。

（2）确定袖窿省：为保证袖窿的合体及胸部突起需设置袖窿省，省位取袖窿深的三分之一，省量1cm，省长7cm，省尖指向BP点。

（3）水滴式领口的绘制：绘制水滴时主要考虑造型美观，同时也要考虑穿脱方便，因此开口不能太小。

4.样板结构绘制 具体绘制方法如图4-5-4所示。

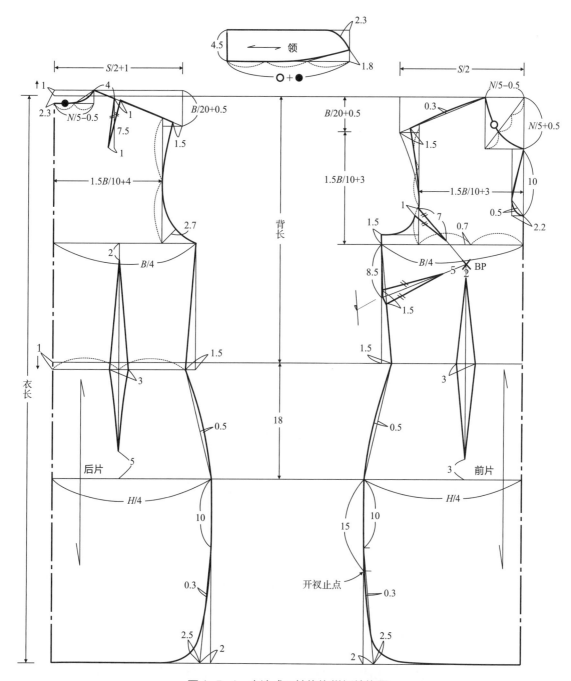

图4-5-4 水滴式无袖旗袍样板结构图

实例三 连立领盖肩袖改良旗袍

1. 款式特点 如图4-5-5所示。此款旗袍为改良款式，连立领、钻石式领口，盖肩袖，前片衣身的省位及形状同水滴式旗袍；后片设有腰省及领省，衣摆外展，整体廓型呈A型。

图4-5-5 连立领盖肩袖改良旗袍款式图

2. 制图规格 如表4-5-3所示。

表4-5-3 成品规格表 单位：cm

号型	部位	衣长	胸围	臀围	肩宽	领围	背长	袖长
160/84A	规格	78	90	96	39	40	39	8

3. 制图要点分析

（1）此款改良旗袍采用比例式制图法。

（2）袖窿深的确定：由于盖肩衣袖为半袖山，腋下部分外露，没有衣袖包裹，因此袖窿深的取值可采用公式1.5B/10+（7.5~8）cm来确定，从上平线向下量取。

（3）肩宽的确定：为使肩部造型美观，肩端点沿小肩斜线向里缩进0.7cm，以此点为新的肩端点，并绘制袖窿弧线。

（4）前、后领口宽的确定：为保证连立领横开领的充分，需加大领口宽，公式为N/5+0.5cm。

（5）盖肩袖的绘制步骤：

①测量前、后袖窿弧长（AH值），利用AH/3量取，确定袖山高。

②完成前、后袖肥的绘制，前袖肥公式为前AH+0.5cm，后袖肥公式为后AH+0.5cm。

③绘制袖山弧线、确定袖长、完成袖口线结构。

④将袖山抬高0.7cm，目的是补充肩端缩进的量，修顺袖山弧线。

4. 样板结构绘制 具体绘制方法如图4-5-6所示。

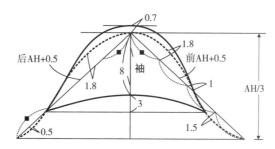

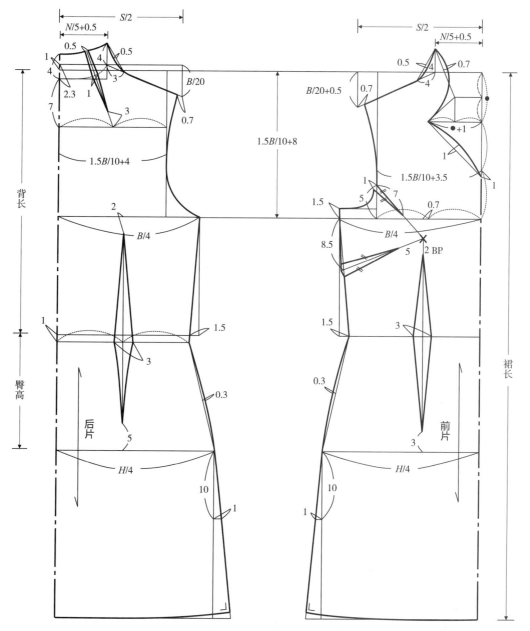

图4-5-6　连立领盖肩袖改良旗袍样板结构图

实例四 **不对称式旗袍**

1. 款式特点 如图4-5-7所示。此款旗袍修身、塑型，前身片设有不对称式分割，左侧分割线中设有开衩；后身片背中缝装有隐形拉链，设有腰省及领省；半开式连立领，一片式半袖。

图4-5-7 不对称式旗袍款式图

2. 制图规格 如表4-5-4所示。

表4-5-4 成品规格表
单位：cm

号型	部位	衣长	胸围	臀围	背长	肩宽	领围	袖长	袖口宽
160/84A	规格	112	90	98	39	38	39	27	16

3. 制图要点分析

（1）此款旗袍可采用比例式制图法绘制。

（2）前片分割线的绘制：仔细审视、分析款式图，分割线在腰部以上是对称造型，腰部以下分割线造型改变，需在前身片分别进行结构线的绘制，具体绘制方法如图4-5-8所示。

（3）前片肩省转换：款式图中肩部没有分割线，肩省的打开量需转换到分割线中，省量可根据胸高进行调整。

（4）后领省转换：由于后背肩胛骨突出，袖窿需作省，收进0.8cm，再将此省量转至领省中。

4. 样板结构绘制 具体绘制方法如图4-5-8所示。

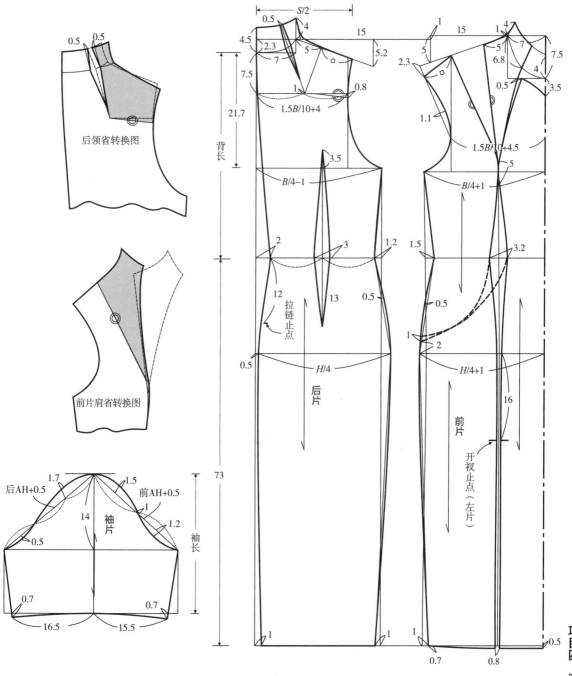

图4-5-8　不对称式旗袍样板结构图

1. 完成半袖偏襟旗袍的样板绘制。

2. 自行设置尺寸规格,完成水滴式无袖旗袍的样板绘制。

3. 自行设置尺寸规格,完成连立领盖肩袖改良旗袍的样板绘制。

4. 自行设计一款改良旗袍,并完成其结构样板绘制。

任务二　中式便装样板实例

● 任务描述

1. 通过分析、审视掌握中式便装的款式特点。

2. 掌握中式便装不同款式的尺寸规格设置。

3. 掌握中式便装的结构设计方法。

4. 掌握中式便装变化款式的结构制板技术。

● 任务实施

实例一　连袖中式女便装

1. **款式特点**　如图4-5-9所示。此款便装为传统旗袍的改良款式,衣身宽松、结构简单,直角式偏襟设计,增加了时尚感,两粒一字盘扣。面料的选择丰富多样,既可选择轻薄柔软的丝绸、罗缎织物,也可选择丝棉、丝麻等织物。

2. **制图规格**　如表4-5-5所示。

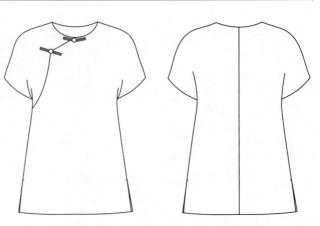

图4-5-9　连袖中式女便装款式图

表4-5-5　成品规格表　　　　　　　　　　　　　　单位:cm

号型	部位	衣长	胸围	肩宽	领围	袖长	袖口围
170/88A	规格	72	104	39	45	15	32

3. 制图要点分析

（1）此款便装结构可直接利用公式法绘制。

（2）袖窿深、胸围的确定：袖窿深公式为 $B/5+5cm$，从上平线向下量取；胸围公式为 $B/4$，交于袖窿深线的水平线。

（3）前领口宽、领口深的确定：领口宽可采用公式 $N/5+0.5cm$ 来确定，或直接取定数 9.5cm；领口深比领口宽少1cm，取定数8.5cm。

（4）后领口宽、领口深的确定：后领口宽同于前领口宽；后领口深取定数2.3cm，绘制后领口深时需从上平线向下1cm处起，然后再向上量取领口深值。

（5）前落肩的确定：肩宽与上平线的交点向下量取4.5cm确定前落肩，或是利用公式 $B/20-1cm$ 来确定。

（6）后落肩的确定：从颈肩点水平线与肩宽的交点向下量取，公式为 $B/20-2cm$，或是直接取定数3.5cm。

（7）衣袖的绘制：袖长在前、后肩斜线的延长线上确定，注意在肩端点需加出手臂下垂时肌肉的变形量（1.5cm）；作袖中线的垂线确定袖口，前、后袖口调节量为1cm，前袖口大取15.5cm、后袖口大取16.5cm。

4. 样板结构绘制　具体绘制方法如图4-5-10所示。

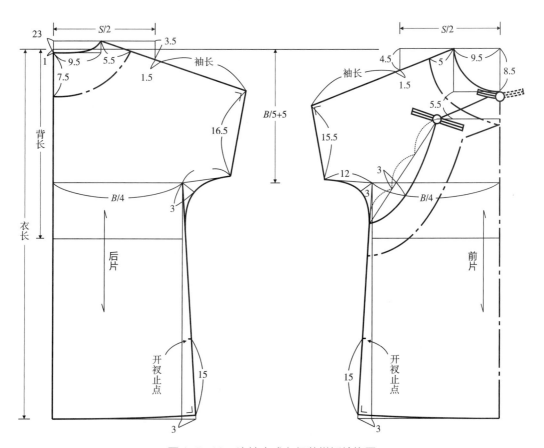

图4-5-10　连袖中式女便装样板结构图

实例二 收腰连袖中式女便装

1. **款式特点** 如图4-5-11所示。此款女便装利用公主线分割修身、收腰塑型，体现女性的体型特征；利用盘扣、滚边、镶嵌等装饰工艺体现中式韵味。前片衣身设公主线分割，V型领口、不对称式门襟，钉中式盘扣，连肩式七分袖，袖口呈微喇叭状。

面料的选择广泛且丰富多样，可采用棉、麻、绢、纺等材料供日常穿着；也可采用丝、绸、缎类面料体现其华美，供正式场合穿着。

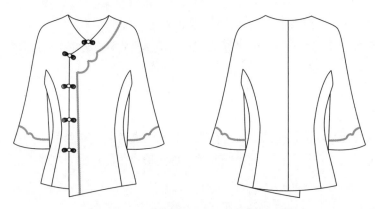

图4-5-11 收腰连袖中式女便装款式图

2. **制图规格** 如表4-5-6所示。

表4-5-6 成品规格表　　　　　　　　　　　　　　　　单位：cm

号型	部位	衣长	胸围	肩宽	领围	袖长	袖口围
170/88A	规格	68	94	39	40	50	37

3. **制图要点分析**

（1）此款女便装可利用公式法进行结构绘制。

（2）衣长、背长的确定：沿后领口深线向下确定衣长、背长。前片在下平线加长4cm，后片在下平线向上缩短4cm。

（3）袖窿深线的确定：从上平线向下量取，利用公式1.5B/10+8.5cm得到。

（4）胸围的确定：前、后片胸围均利用公式B/4得到。

（5）公主线分割的绘制：在腰围中点设置分割位置，也可适量调节；根据腰围尺寸确定收腰量，通常在2cm左右。

（6）袖山中线的确定：取等腰三角形底边中点向内1cm，确定前袖中线；后中线取等腰三角形底边中点向内0.5cm。

（7）袖肥的确定：沿袖中线向下量取14cm（袖山高），并作袖中线垂线交于衣身袖窿弧线，连接衣身袖窿至公主线分割止点的线段，作此线段轴对称，修顺成弧线，完成轮廓。

4.样板结构绘制 具体绘制方法如图4-5-12所示。

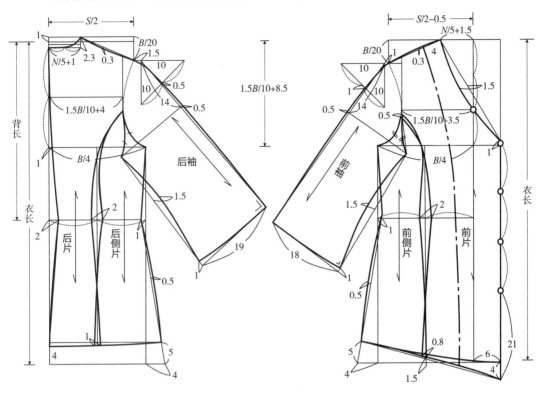

图4-5-12 收腰连袖中式女便装样板结构图

实例三 **连肩袖中式男便装**

1.款式特点 如图4-5-13所示。此款男便装为中式典范，对称式门襟、立领、一字盘扣、连肩袖、侧缝开衩；衣袖拼接位置取决于面料的幅宽。面料多选择棉、麻、绸、缎等材料。

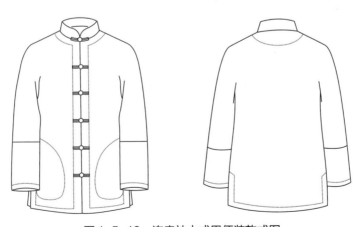

图4-5-13 连肩袖中式男便装款式图

2. 制图规格 如表4-5-7所示。

表4-5-7 成品规格表 单位：cm

号型	部位	衣长	胸围	肩宽	领围	背长	袖长	袖口宽
175/88A	规格	75	108	46	44	43	59	16

3. 制图要点分析 这款中式男便装需将面料对折，可利用公式法进行结构图绘制。

4. 样板结构绘制 具体绘制方法如图4-5-14所示。

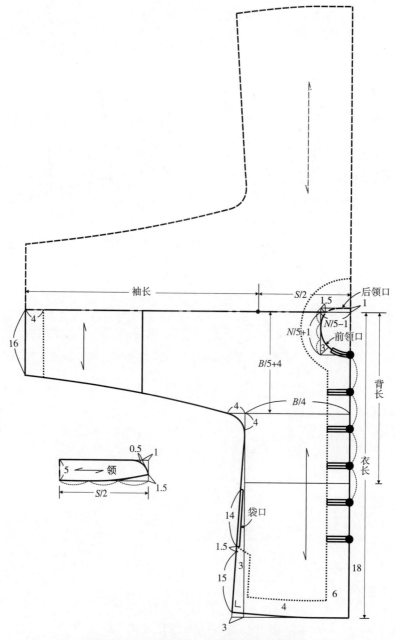

图4-5-14 连肩袖中式男便装样板结构图

1. 款式特点 如图4-5-15所示。此款中式便装为改良款式，采用了一片式圆装袖，可加装垫肩，显得廓型挺拔、英气十足。面料可选择较为厚挺的重缎、绢纺、薄呢等材料。

2. 制图规格 如表4-5-8所示。

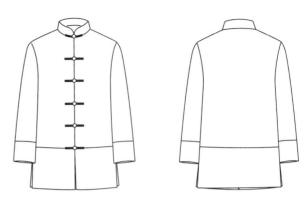

图4-5-15 圆装袖中式男便装款式图

表4-5-8 成品规格表 单位：cm

号型	部位	衣长	胸围	肩宽	袖长	背长	领围	袖口宽
170/88A	规格	77	112	46	58	43	44	16

3. 制图要点分析 此款中式男便装可利用公式法、定数法相结合进行结构绘制。

4. 样板结构绘制 具体绘制方法如图4-5-16所示。

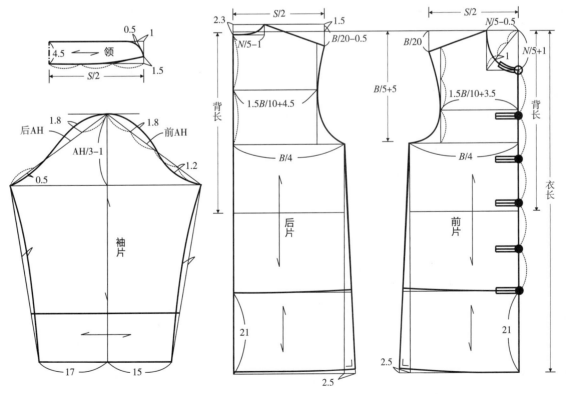

图4-5-16 圆装袖中式男便装样板结构图

实例五 插肩袖中式男便装

1. 款式特点 如图4-5-17所示。此款中式男便装对衣袖进行了改良，利用插肩袖结构解决了连身袖腋下多褶皱的现象，既保证了穿着的舒适性，又使服装有型、挺括。

面料多选择锦缎、丝绸、绢纺、葡萄呢以及棉、麻或天然混纺材料。

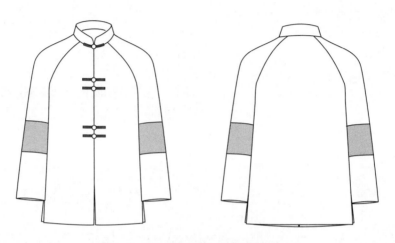

图4-5-17　插肩袖中式男便装款式图

2. 制图规格 如表4-5-9所示。

表4-5-9　成品规格表

单位：cm

号型	部位	衣长	胸围	肩宽	领围	袖长	袖口宽
170/88A	规格	76	114	48	46	61	16

3. 制图要点分析

（1）此款男便装可利用公式法进行结构绘制。

（2）前、后落肩的确定：前、后落肩取值均为5.5cm，只是量取起点不同，前片落肩从上平线与肩宽交点向下量取；后片落肩从肩宽与上平线抬起1.5cm的交点向下量取。

（3）前领口宽、领口深的确定：依据立领结构原理，领口宽的确定利用公式$N/5-0.5$cm取得；领口深的确定利用公式$N/5+1$cm取得。

（4）后领口宽、领口深的确定：后领口宽的确定利用公式$N/5-1$cm取得；后领口深取定数2.3cm，从上平线上提1.5cm处向下量取。

4. 样板结构绘制 具体绘制方法如图4-5-18所示。

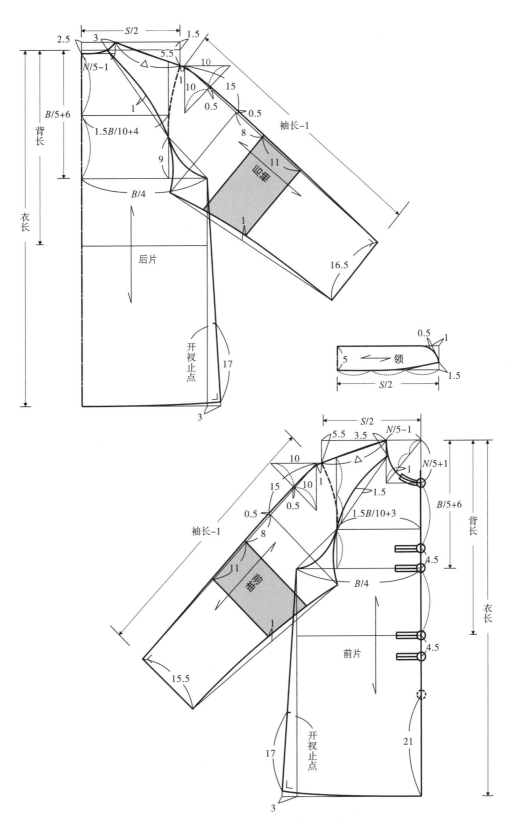

图4-5-18 插肩袖中式男便装样板结构图

💡 思考及练习

1. 完成连袖中式女便装的结构样板绘制。

2. 自行设置尺寸规格，完成收腰连袖中式女便装的结构样板绘制。

3. 完成连肩袖中式男便装的结构样板绘制。

4. 完成圆装袖中式男便装的结构样板绘制。

5. 完成插肩袖中式男便装的结构样板绘制。

模块六 背心样板实例

• 教学目标

终极目标：利用服装结构设计原理和技术，完成男、女各类服装成品的纸样制板。

促成目标：

1. 学会审视、分析背心款式图。

2. 掌握背心各部位尺寸规格设置。

3. 利用相关原理、制图方法及技术完成不同背心的样板设计。

• 教学任务

1. 掌握服装款式造型的审视及分析。

2. 依据上装结构原理掌握背心样板的结构变化。

3. 掌握背心成品结构样板技术。

任务一 女装背心样板实例

• 任务描述

1. 通过分析、审视掌握女背心的款式特点。

2. 掌握女背心的尺寸规格设置。

3. 掌握女背心的结构设计方法。

4. 掌握女背心变化款式的结构制板技术。

•任务实施

实例一 **男式女背心**

1. 款式特点 如图4-6-1所示。本款女背心似男款背心，衣身胸省至衣底边，一字插袋，V型领口，单排四粒扣，前片斜下摆。

2. 制图规格 如表4-6-1所示。

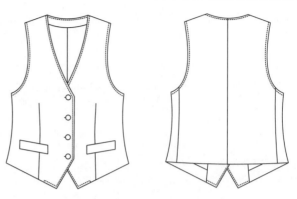

图4-6-1 男式女背心款式图

表4-6-1 成品规格表 单位：cm

号型	部位	衣长	胸围	背长
160/84A	规格	64	96	39

3. 样板结构绘制 具体绘制方法如图4-6-2所示。

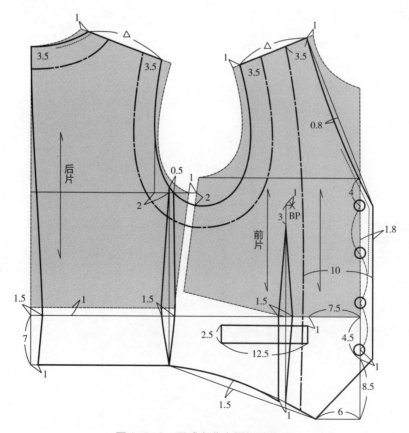

图4-6-2 男式女背心样板结构图

实例二 拉链式女背心

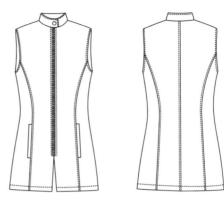

图4-6-3　拉链式女背心款式图

1. **款式特点**　如图4-6-3
所示。从款式图可直观看出，
前衣身公主线分割，单嵌线
竖插袋，立领、对襟装拉链；
后衣身设公主线及背中分割，
整体缉明线。

2. **制图规格**　如表4-6-2
所示。

表4-6-2　成品规格表　　　　　　　　　　　　　　　　　单位：cm

号型	部位	衣长	胸围	背长	领围	肩宽
160/84A	规格	75	94	39	40	36

3. **样板结构绘制**　具体绘制方法如图4-6-4所示。

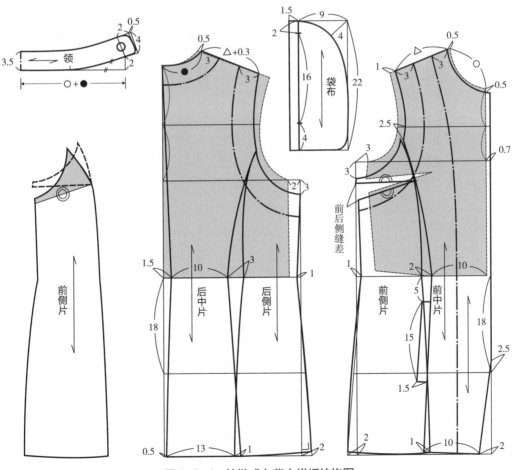

图4-6-4　拉链式女背心样板结构图

项目四　服装成品样板实例

249

实例三 连立领式女背心

1. 款式特点 如图4-6-5所示。此款背心为宽松式四开身设计，门襟设拉链，连身领，前、后袖窿处有缩褶并绲滚条装饰。

2. 制图规格 如表4-6-3所示。

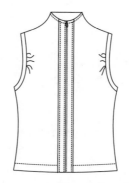
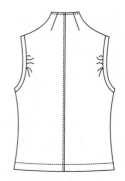

图4-6-5 连立领式女背心款式图

表4-6-3 成品规格表 单位：cm

号型	部位	衣长	胸围	背长
160/84A	规格	56	104	39

3. 样板结构绘制 具体绘制方法如图4-6-6所示。

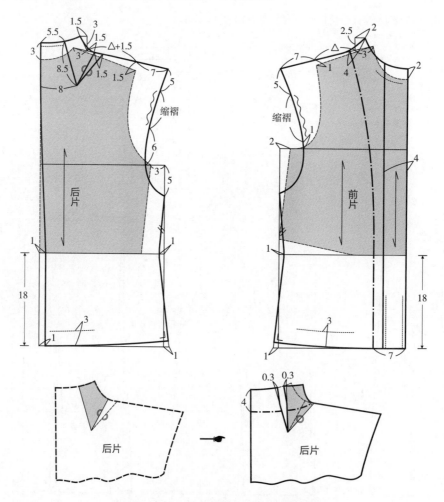

图4-6-6 连立领式女背心样板结构图

1. 完成男式女背心的样板绘制。

2. 完成拉链式女背心的样板绘制。

3. 完成连立领式女背心的样板绘制。

4. 自行设计一款女式背心，并完成其样板绘制。

任务二　男装背心样板实例

● 任务描述

1. 通过分析、审视掌握男背心的款式特点。

2. 掌握男背心不同款式的尺寸规格设置。

3. 掌握男背心的结构设计方法。

4. 掌握男背心变化款式的结构制板技术。

● 任务实施

实例一　男西装背心

1. 款式特点　如图4-6-7所示。此款背心款式经典，是西服三件套之一，常用于职场及正式场合穿着。其结构紧身、合体，前片面料的选择与西装外套相同，后片面料的选择多为缎、绸、丝类顺滑光泽的材料。

图4-6-7　男西装背心款式图

2. 制图规格 如表4-6-4所示。

表4-6-4 成品规格表 单位：cm

号型	部位	衣长	胸围	背长
175/92A	规格	52	98	42

3. 样板结构绘制 具体绘制方法如图4-6-8所示。

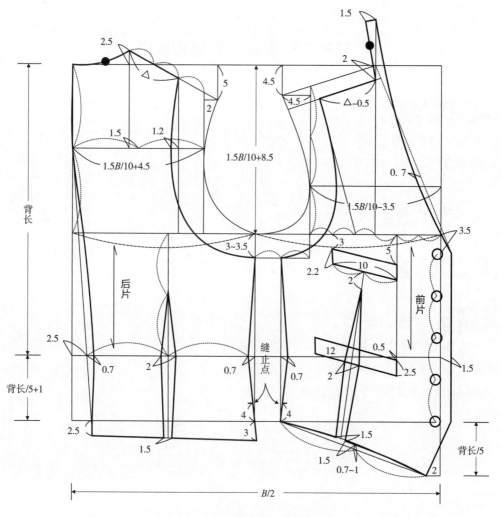

图4-6-8 男西装背心样板结构图

实例二 **胖体男西装背心**

1. 款式特点 如图4-6-9所示。此款背心为偏胖的男士配制，由于胖体腹部突出，前衣片取消了腰省，在大袋位设置腹省；后衣片结构同标准男西装背心。

图4-6-9 胖体男西装背心款式图

2. 制图规格 如表4-6-5所示。

表4-6-5 成品规格表 单位：cm

号型	部位	衣长	胸围	背长	腰围
175/98C	规格	52	108	42	104

3. 样板结构绘制 具体绘制方法如图4-6-10所示。

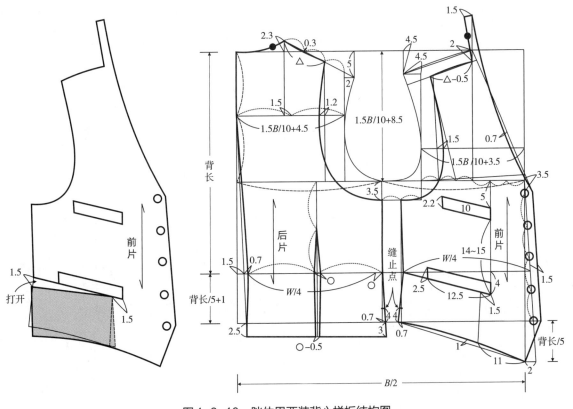

图4-6-10 胖体男西装背心样板结构图

项目四 服装成品样板实例

实例三 贴袋育克式男背心

1. 款式特点 如图4-6-11所示。此款男背心为休闲款式，多用于日常穿着。前衣片肩部育克，腰省至衣底边，四个盖式贴袋；后背作育克、背中分割，腰省至衣底边，缉单明线装饰。

2. 制图规格 如表4-6-6所示。

图4-6-11 贴袋育克式男背心款式图

表4-6-6 成品规格表 单位：cm

号型	部位	衣长	胸围	背长	肩宽
175/92A	规格	52	98	42	45

3. 样板结构绘制 具体绘制方法如图4-6-12所示。

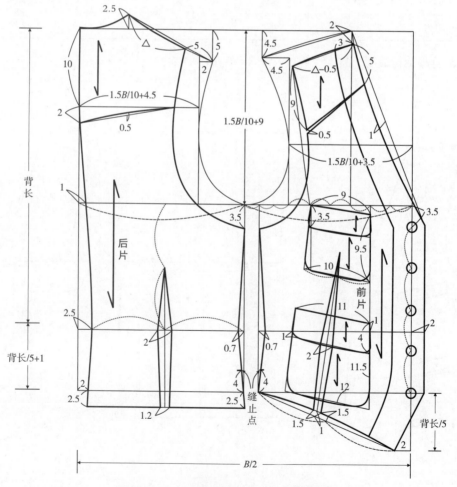

图4-6-12 贴袋育克式男背心样板结构图

1. 完成男西装背心的样板结构绘制。

2. 完成胖体男西装背心的样板结构绘制。

3. 完成贴袋育克式男背心的样板结构绘制。

4. 自行设计一款男背心，并完成其样板结构绘制。

参考文献

[1] 刘瑞璞. 男装纸样设计原理与应用[M]. 北京：中国纺织出版社, 2017.

[2] 刘瑞璞. 女装纸样设计原理与应用[M]. 北京：中国纺织出版社, 2017.

[3] 孙兆全. 经典女装纸样设计与应用[M]. 北京：中国纺织出版社, 2015.

[4] 魏静. 服装结构设计：上册[M]. 北京：高等教育出版社, 2000.

[5] 文化服装学院. 文化服装大全·服饰造型讲座：①–⑤[M]. 张祖芳, 纪万秋, 周洋溢, 王明珠, 等译. 上海：东华大学出版社, 2005.

[6] 文化服装学院. 文化服装讲座（新版）：①–④[M]. 范树林, 文家琴, 郝瑞闽, 等译. 北京：中国轻工出版社, 2003.

[7] 张孝宠. 高级服装打板技术全编[M]. 上海：上海文化出版社, 2004.

[8] 张浩, 郑嵘. 传统工艺与现代设计·旗袍[M]. 北京：中国纺织出版社, 2000.

附录　国家服装号型标准与服装规格设置

一　服装号型标准的认知

1. 服装号型　在服装工业化生产中，服装号型是服装规格表示的方法之一。一般选用人体的高度（身高）、围度（胸围或臀围），再加体型类别来表示服装规格，是服装企业生产标准化的依据之一，也是服装专业人员设计制作服装时确定尺寸大小的参考依据。

我国服装主要使用的是号型规格方式，该方式是我国服装主管部门组织人体工效学、统计学、服装行业的专家共同协作，发挥多学科的优势，经修订标准方案论证、抽样方案设计、人体尺寸测量调查、数据统计分析、草拟标准、征求意见、试穿验证等工作阶段制定的具有科学性、先进性、实用性的号型规格标准。

我国为制定服装号型标准，共进行了两次大规模人体抽样：第一次在1973年，针对全国21个省市抽样计测40万人体尺寸，并于1981年制定了GB 1335—1981《服装号型》标准；第二次在1989年，在其中的6个省市再抽样5500人，对其数据进行了计算、修改，于1991年颁布了GB 1335—1991《服装号型》标准；1997年修订颁布GB/T 1335—1997《服装号型》标准；2008年12月31日再予修订颁布GB/T 1335—2008《服装号型》标准，并于2009年8月1日开始实行。

（1）服装号型标准中的"号"：指人体的自然身高，以cm为单位，是设计和选购服装长短的依据。服装上标明的号的数值，表示该服装适用于身高与此号型相近的人。例如：一件160号型的衣服，适用于身高158~164cm，以此类推。

（2）服装号型标准中的"型"：指人体的上体胸围或下体腰围，以cm为单位，是设计和选购服装肥瘦的依据。服装上标明的型的数值及体型分类代号，表示该服装适用于胸围或腰围与此型相近以及胸围与腰围之差数在此范围内的人。例如：女上装84A型，适用于胸围82~85cm及胸围与腰围差在14~18cm之间的人选用，以此类推。

2. 服装号型分类及标志

（1）号型分类：服装号型标准是根据人体的胸围与腰围的差数，将其分为Y、A、B、C四类，这种分类法参考服装产业先进国家，尤其是日本的体型分类法。由于设定了体型分类，对男、女体型的胸腰差数可一目了然。这样既有利于服装企业在结构设计时，参照某种体型倾向及特征去塑造服装，也便于消费者在选购时，按其号型选择适合自己体型的服装。

（2）号型的标志：在服装产品上必须注明号型。不论是在上装还是下装上都要用号型规格来表示：

上装：号——身高，型——胸围；体型组别——Y、A、B、C。

下装：号——身高，型——腰围；体型组别——Y、A、B、C。

号型表示的方法：号型之间用斜线分开，并按体型分类，用代号表示。例如：男 170 / 88A，女 160 / 84A。其含义表示：男子体型身高 170cm，胸围 88cm，胸围与腰围差数为 12~16cm；女子体型身高 160cm，胸围 84cm，胸围与腰围差数为 14~18cm。

附表 1 为依据男、女不同体型类别设置的尺寸规格范围。

附表1　体型分类　　　　　　　　　　　　　　　　　　　单位：cm

体型代号	胸腰落差	
	男	女
Y	17~22	19~24
A	12~16	14~18
B	7~11	9~13
C	2~6	4~8

二　服装号型系列

1. 号型系列　号型系列是服装批量生产中规格制定和购买成衣的依据。号型系列以体型中间体为中心，向两边依次递增或递减组成。

男子体型是以 170 / 88A 为中间标准体，女子体型是以 160 / 84A 为中间标准体。其系列的档次划分，身高以 5cm 差组成系列，如男子 160、165、170、175、180，女子为 150、155、160、165、170。胸围、腰围分别以 4cm、2cm 组成系列。身高每增减 5cm，胸围对等增减 4cm 的系列，称为 5·4 系列。以此类推又组成 5·2 系列。

由上述可见，依据这种新的国家号型标准，把体型特征归类标号，它比以前的标准适用范围更广，对人体体型特征更具有针对性。要确定一件服装的规格，以此号型为基础，再加上所需的胸围放松度便可获得。

2. 服装号型系列表　服装号型系列见附表 2~ 附表 9。

男子 5·4 号型系列一般以 170/88Y、170/88A、170/92B、170/96C 为中间号型。

女子 5·4 号型系列一般以 160/84Y、160/84A、160/88B、160/88C 为中间号型。

男子 5·2 号型系列一般以 170/70Y、170/74A、170/84B、170/92C 为中间号型。

女子 5·2 号型系列一般以 160/64Y、160/68A、160/78B、160/82C 为中间号型。

附表2 男子5·4、5·2Y号型系列　　　　单位：cm

Y

胸围	身高															
	155		160		165		170		175		180		185		190	
	腰围															
76			56	58	56	58	56	58								
80	60	62	60	62	60	62	60	62	60	62						
84	64	66	64	66	64	66	64	66	64	66	64	66				
88	68	70	68	70	68	70	68	70	68	70	68	70	68	70		
92			72	74	72	74	72	74	72	74	72	74	72	74	72	74
96					76	78	76	78	76	78	76	78	76	78	76	78
100							80	82	80	82	80	82	80	82	80	82
104									84	86	84	86	84	86	84	86

附表3 男子5·4、5·2A号型系列　　　　单位：cm

A

胸围	身高																							
	155			160			165			170			175			180			185			190		
	腰围																							
72				56	58	60	56	58	60															
76	60	62	64	60	62	64	60	62	64	60	62	64												
80	64	66	68	64	66	68	64	66	68	64	66	68	64	66	68									
84	68	70	72	68	70	72	68	70	72	68	70	72	68	70	72	68	70	72						
88	72	74	76	72	74	76	72	74	76	72	74	76	72	74	76	72	74	76	72	74	76			
92				76	78	80	76	78	80	76	78	80	76	78	80	76	78	80	76	78	80	76	78	80
96							80	82	84	80	82	84	80	82	84	80	82	84	80	82	84	80	82	84
100										84	86	88	84	86	88	84	86	88	84	86	88	84	86	88
104													88	90	92	88	90	92	88	90	92	88	90	92

附表4 男子5·4、5·2B号型系列　　　　单位：cm

B

胸围	身高																	
	150		155		160		165		170		175		180		185		190	
	腰围																	
72	62	64	62	64	62	64												
76	66	68	66	68	66	68	66	68										
80	70	72	70	72	70	72	70	72	70	72								
84	74	76	74	76	74	76	74	76	74	76	74	76						
88			78	80	78	80	78	80	78	80	78	80	78	80				
92					82	84	82	84	82	84	82	84	82	84	82	84		

附录　国家服装号型标准与服装规格设置

B

胸围	身高 150		155		160		165		170		175		180		185		190	
	腰围																	
96					86	88	86	88	86	88	86	88	86	88	86	88	86	88
100							90	92	90	92	90	92	90	92	90	92	90	92
104									94	96	94	96	94	96	94	96	94	96
108											98	100	98	100	98	100	98	100
112													102	104	102	104	102	104

附表5　男子5·4、5·2C号型系列　　　　　　　　　　单位：cm

C

胸围	身高 150		155		160		165		170		175		180		185		190	
	腰围																	
76			70	72	70	72	70	72										
80	74	76	74	76	74	76	74	76	74	76								
84	78	80	78	80	78	80	78	80	78	80	78	80						
88	82	84	82	84	82	84	82	84	82	84	82	84	82	84				
92			86	88	86	88	86	88	86	88	86	88	86	88	86	88		
96			90	92	90	92	90	92	90	92	90	92	90	92	90	92	90	92
100					94	96	94	96	94	96	94	96	94	96	94	96	94	96
104							98	100	98	100	98	100	98	100	98	100	98	100
108									102	104	102	104	102	104	102	104	102	104
112											106	108	106	108	106	108	106	108
116													110	112	110	112	110	112

附表6　女子5·4、5·2Y号型系列　　　　　　　　　　单位：cm

Y

胸围	身高 145		150		155		160		165		170		175		180	
	腰围															
72	50	52	50	52	50	52	50	52								
76	54	56	54	56	54	56	54	56	54	56						
80	58	60	58	60	58	60	58	60	58	60	58	60				
84	62	64	62	64	62	64	62	64	62	64	62	64	62	64		
88	66	68	66	68	66	68	66	68	66	68	66	68	66	68	66	68
92			70	72	70	72	70	72	70	72	70	72	70	72	70	72
96					74	76	74	76	74	76	74	76	74	76	74	76
100							78	80	78	80	78	80	78	80	78	80

附表7　女子5·4、5·2 A号型系列　　　　　单位：cm

A

胸围	身高 145			150			155			160			165			170			175			180		
	腰围																							
72				54	56	58	54	56	58	54	56	58												
76	58	60	62	58	60	62	58	60	62	58	60	62	58	60	62									
80	62	64	66	62	64	66	62	64	66	62	64	66	62	64	66	62	64	66						
84	66	68	70	66	68	70	66	68	70	66	68	70	66	68	70	66	68	70	66	68	70			
88	70	72	74	70	72	74	70	72	74	70	72	74	70	72	74	70	72	74	70	72	74	70	72	74
92				74	76	78	74	76	78	74	76	78	74	76	78	74	76	78	74	76	78	74	76	78
96							78	80	82	78	80	82	78	80	82	78	80	82	78	80	82	78	80	82
100										82	84	86	82	84	86	82	84	86	82	84	86	82	84	86

附表8　女子5·4、5·2 B号型系列　　　　　单位：cm

B

胸围	身高 145		150		155		160		165		170		175		180	
	腰围															
68			56	58	56	58	56	58								
72	60	62	60	62	60	62	60	62	60	62						
76	64	66	64	66	64	66	64	66	64	66						
80	68	70	68	70	68	70	68	70	68	70	68	70				
84	72	74	72	74	72	74	72	74	72	74	72	74	72	74		
88	76	78	76	78	76	78	76	78	76	78	76	78	76	78	76	78
92	80	82	80	82	80	82	80	82	80	82	80	82	80	82	80	82
96			84	86	84	86	84	86	84	86	84	86	84	86	84	86
100					88	90	88	90	88	90	88	90	88	90	88	90
104							92	94	92	94	92	94	92	94	92	94
108									96	98	96	98	96	98	96	98

附表9　女子5·4、5·2C号型系列　　　　　单位：cm

C

胸围	身高 145		150		155		160		165		170		175		180	
	腰围															
68	60	62	60	62	60	62										
72	64	66	64	66	64	66	64	66								
76	68	70	68	70	68	70	68	70								

胸围	145		150		155		160		165		170		175		180	
	腰围															
80	72	74	72	74	72	74	72	74	72	74						
84	76	78	76	78	76	78	76	78	76	78	76	78				
88	80	82	80	82	80	82	80	82	80	82	80	82				
92	84	86	84	86	84	86	84	86	84	86	84	86	84	86		
96			88	90	88	90	88	90	88	90	88	90	88	90	88	90
100			92	94	92	94	92	94	92	94	92	94	92	94	92	94
104					96	98	96	98	96	98	96	98	96	98	96	98
108							100	102	100	102	100	102	100	102	100	102
112									104	106	104	106	104	106	104	106

（表头标注：C；身高）

三　服装规格设置

1. 成衣规格设置的依据

（1）依据《全国服装统一号型》：成衣规格设置是按照GB/T 1335.1、GB/T 1335.2中的服装号型各系列控制部位数值加不同的放松量设置的，设置准确的放松量是成衣规格设置的关键。控制部位数值详细资料可查阅 GB/T 1335.1 和 GB/T 1335.2《全国服装统一号型》。

（2）依据系列净体数值：控制部位数值是人体主要部位的数值即系列净体数值，是设置服装规格的依据。上衣通常有衣长、胸围、总肩宽、袖长、领大五个部位的尺寸；下装通常有裤（裙）长、腰围、臀围三个部位的尺寸。

（3）依据不同的款式、地域及产品进行设置：成衣规格设置具有一定的灵活性，它是随着具体产品、具体款式造型的变化、地区区域的变化而有所差异的。同一号型的不同产品，可以有不同的规格设置；同一产品在不同的地域，可以有不同的规格设置；而且成衣规格设置具有一定的时效性。

2. 常见的服装规格设置

（1）常见的男子服装规格设置：如附表10所示。

附表10　男上装规格设置

单位：cm

部位		衬衫	夹克	西服	中山服	短大衣	长大衣
衣长		2/5号+2~4	2/5号+2~4	2/5号+4~6	2/5号+5~7	2/5号+12~13	3/5号+14~16
胸围（B）		型+20~22	型+22~26	型+16~18	型+18~20	型+25~30	型+27~32
总肩宽		3/10B+12~13	3/10B+13~14	3/10B+13~14	3/10B+12~13	3/10B+13~15	3/10B+14~15
袖长	短袖	1/10号+3~6	3/10号+7~9	3/10号+7~9	3/10号+8~10	3/10号+8~11	3/10号+9~12
	长袖	3/10号+7~9					

部位	衬衫	夹克	西服	中山服	短大衣	长大衣
领大	3/10B+6~7	3/10B+8~10	3/10B+8~9	3/10B+7~8	3/10B+9~10	3/10B+9~10

（2）常见的女子服装规格设置：如附表11所示。

附表11　女上装规格设置　　　　　　　　　　　　单位：cm

部位	衬衫		连衣裙		西服	中式旗袍		短大衣	长大衣
衣长	2/5号 +0~4		3/5号 +0~8		2/5号 +2~4	4/5号 +7~9		2/5号 +6~8	2/5号 +8~16
胸围（B）	型 +12~14		型 +12~14		型 +12~16	型 +12~14		型 +16~20	型 +18~26
总肩宽	3/10B+10~11		3/10B+10~11		3/10B+10~12	3/10B+10~11		3/10B+11~12	3/10B+11~13
袖长	短袖	1/10号 +3~5	短袖	1/10号 +3~5	3/10号 +5~7	短袖	1/10号 +2~4	3/10号 +6~8	3/10号 +7~9
	长袖	3/10号 +4~7	长袖	3/10号 +4~7		长袖	3/10号 +4~7		
领大	3/10B+6~7		3/10B+8~10		3/10B+8~9	3/10B+7~8		3/10B+9~10	3/10B+9~10

（3）常见的男、女下装规格设置：如附表12所示。

附表12　男、女下装规格设置　　　　　　　　　　单位：cm

部位	男短裤	男长裤	女长裤	女裙	女裙裤
裤（裙）长	3/10号 +6~8	3/5号 +1~3	3/5号 +6~8	2/5号 +0~10	2/5号 +2~6
腰围（W）	型 +2~4	型 +2~4	型 +2~4	型 +0~2	型 +0~2
臀围	4/5W+38~42	4/5W+38~42	4/5W+38~42	4/5W+36~40	4/5W+36~40